gravures jointes.

Les Eléphants.

Couronne la Couronne

LES ÉLÉPHANTS

NEUVIÈME SÉRIE. — Format in-8° raisin ill.

TYPOGRAPHIE FIRMIN-DIDOT ET Cie. — MESNIL (EURE).

Fig. 1. — Chasse du tigre dans l'Inde.

G. DE CHERVILLE

LES ÉLÉPHANTS

ÉTAT SAUVAGE, DOMESTICATION

Dessins de LANÇON et BOMBLED

PARIS

FIRMIN-DIDOT ET CIE

56, rue Jacob

LES ÉLÉPHANTS

CHAPITRE PREMIER

L'Éléphant préhistorique

I

La nature a fait preuve d'un art minutieux dans ses plus infimes créations; elle semble s'être attachée à les parfaire en raison inverse de leur taille; il ne manque pas d'insectes ciselés avec une délicatesse, émaillés avec une richesse qui en font de véritables bijoux que l'artisan humain n'arrive à reproduire qu'au prix de longs et patients efforts. Elle semble avoir compris que tant de soins étaient inutiles avec les plus grands de nos mammifères, que la puissance de ceux-là devant résider surtout dans leur force et dans leur masse, elle devait médiocrement se soucier de leur élégance et à peine de la symétrie de leurs formes : tel est le cas du rhinocéros, de l'hippopotame, de quelques buffles et surtout de l'éléphant. Ceux-là ont été façonnés de façon à rendre leur stature imposante et leur force formidable, et le divin ouvrier n'a pas moins réussi dans cette partie de son œuvre que dans la première.

Ces monstrueux animaux paraissent avoir été spécialement créés pour le temps où la race humaine ne serait représentée que par quelques individualités clairsemées sur la terre; les nécessités de leur alimentation en font les hôtes des forêts vierges, des grandes solitudes, des immensités où une végétation exubérante ne se lasse pas un instant de produire; leur nombre doit nécessairement diminuer dans des proportions considérables, à mesure que l'homme prend l'entière possession de son domaine; ils semblent fatalement prédestinés à disparaître.

Ont-ils cependant habité, non seulement nos climats, mais les terres déshéritées qu'enveloppent les mers polaires? On serait tenté de le supposer en raison de la grande quantité de leurs ossements, de leurs défenses, de leurs cadavres encore garnis de chair et de peau, que l'on découvre tant dans nos régions que sous les latitudes hyperboréennes. Cependant, on reste sur ce point réduit aux conjectures; beaucoup de savants estiment que ces débris peuvent avoir été charriés par les eaux dans quelques-unes des formidables révolutions qui, aux premiers âges, ont tant de fois bouleversé la physionomie de notre planète.

L'existence de races d'éléphants antédiluviens, les unes plus grandes, les autres différentes de celles qui subsistent aujourd'hui, n'en a pas moins été démontrée par la science paléontologique qui a immortalisé Cuvier. Son génie a reconstruit pièce à pièce ces colosses de la Faune des temps préhistoriques; depuis lui, de nombreuses trouvailles de ces restes ont vérifié ses calculs et, en même temps, élargi le champ des conjectures.

II

Les plus abondants de ces ossuaires se trouvent sur les rives des fleuves se déversant dans les mers polaires ; les restes d'éléphants, facilement reconnaissables à la nature d'ivoire de leurs défenses, y sont mélangés à des ossements de rhinocéros et d'autres espèces dont quelques-unes, n'étant plus représentées dans le monde vivant, ont été reconstituées, classées et dénommées par Cuvier ; de ce nombre est le *dinotherium* dont nous aurons à vous parler tout à l'heure.

« Ces sépultures d'éléphants se rencontrent, dit Brehm, dans le pays des Ostiaks, des Tungouses, des Samoïèdes et des Bouriates, sur les bords de l'Obi, de l'Iénisséi et de la Léna.

Lorsque leurs plages sablonneuses dégèlent, on découvre des montagnes entières de dents gigantesques auxquelles sont mêlés d'énormes os. Parfois ces dents sont encore solidement

Fig. 2. — Éléphant antédiluvien, le *mammouth*.

implantées dans des mâchoires; on en a même trouvé qui étaient entourées de chair, de peau et de poils.

« La plus grande découverte dont ces fossiles aient été l'objet, ajoute le même natura-

liste, fut faite par Adams, à l'embouchure de
la Léna. Ayant appris que l'on avait trouvé
un mammouth avec sa peau et ses poils,
Adams partit aussitôt pour essayer de conserver ces précieux débris et rejoignit le chef
Tungouse auquel la trouvaille était due.

« Le Tungouse avait découvert l'animal
en 1799, mais il n'y avait pas touché, car les
anciens de la tribu racontaient qu'un pareil
monstre avait été déjà découvert sur la même
presqu'île, mais que cela avait porté malheur
à celui qui l'avait rencontré, que sa famille et
lui-même avaient péri peu de temps après. Ce
récit avait tellement impressionné le Tungouse
qu'il en avait été malade; cependant ses ter-
reurs superstitieuses avaient lâché pied devant son avidité, et en 1804 il avait enlevé les
défenses et les avait troquées contre quelques
marchandises d'une mince valeur.

« Adams, qui arriva un peu plus tard, trouva
l'animal à la même place, mais dépecé. Les Ya-
koutes en avaient enlevé les chairs, pour nour-

rir leurs chiens. Les isatis, les loups, les gloutons, les renards s'en étaient également nourris. Le squelette, à l'exception d'un des pieds de devant, était entier. Une peau sèche recouvrait la tête; l'œil et le cerveau existaient encore, les pieds avaient leurs callosités. Une oreille recouverte de poils soyeux était également bien conservée. Les trois quarts de la peau existaient. Cette peau était d'une couleur gris foncé; le duvet en était doux; les soies noires et plus grosses que des crins de cheval. Adams ramassa ce qu'il put. Il dépouilla l'animal et dix hommes eurent peine à enlever la peau. Il fit ramasser tous les poils qui se trouvaient à terre et en réunit ainsi 17 kilogrammes. Le tout fut envoyé à Saint-Pétersbourg et n'y arriva pas sans dégradation. Cependant, grâce aux soins et à la persévérance du naturaliste, le fait lui-même ne pouvait plus être l'objet d'aucun doute. »

Nous venons de voir que la peau du mammouth était recouverte d'une double fourrure, d'un épais duvet, doublé de poils gros et longs; on en a mesuré qui avaient 70 centimètres de longueur. Il était donc fort dissemblable des éléphants d'aujourd'hui dont la peau est presque absolument nue. Ce fut sur cette particularité essentielle que l'on s'appuya pour en conclure que les propriétaires de ces restes avaient pu habiter de leur vivant les régions boréales dans lesquelles on les avait trouvés.

Chez le *dinotherium* dont on a recueilli les fossiles, les défenses, qui étaient énormes, sortaient de la mâchoire inférieure et se recourbaient vers la terre; d'autre part, ses omoplates étaient celles des animaux fouisseurs. Cette conformation donnerait une certaine vraisemblance à la légende qui a cours chez les peuplades habitant le pays où se trouvent ces débris d'ossements. Elles affirment que ces mammouths menaient une existence souterraine, qu'ils montraient quelquefois leur tête en dehors de leur retraite, mais qu'ils la rentraient aussitôt, leurs yeux ne pouvant supporter l'éclat de la lumière. Suivant eux, ils se nourrissaient de limon, et mouraient dès qu'ils foulaient un sol sablonneux, ne pouvant en dégager leurs pieds.

Puisque, en ce qui concerne les habitudes des antédiluviens, on en est réduit aux hypothèses, il nous sera permis d'en hasarder une à notre tour. La vase des marécages nous semble une nourriture un peu maigre pour d'aussi formidables organismes; d'autre part, il est incontestable que la faune et la flore de ces régions septentrionales devaient difficilement fournir des aliments suffisants à d'aussi vastes estomacs; alors pourquoi ne pas hasarder une supposition nouvelle? Serait-il impossible que l'*elephas primigenius* fût un hibernant, passant dans l'engourdissement, au fond de sa retraite, les longs mois de l'hiver de ces contrées?

III

La Russie et la Sibérie ne sont pas seules à posséder de ces dépôts de fossiles; on en a rencontré sur les rives des fleuves de l'Amérique du Nord, comme en France. Chez nous, ils proviennent principalement de l'*elephas antiquus*. On a trouvé des dents de l'*elephas meridionalis* dans une carrière de sable de la commune de Saint-Prest, département d'Eure-et-Loir. Nous avons même été témoin d'une de ces découvertes, mais la science ne tira pas, plus que le propriétaire, de profit de la carrière où ces ossements étaient enfouis.

Quelques années auparavant, ce propriétaire avait vendu au Muséum d'histoire naturelle de curieux débris de mastodonte recueillis dans sa sablonnière. Bien que la somme que le brave homme avait reçue fût très respectable, il ne l'eut pas plutôt employée à payer ses dettes qu'il la déclara dérisoire; à l'entendre, on eût dû lui payer ces molaires et ces os à leur poids d'or. Aussi, le hasard de ses fouilles lui ayant une seconde fois envoyé la même aubaine, il en conclut que sa fortune était faite, qu'il allait réaliser le rêve de tout bon campagnard, celui de « vivre bourgeois » pendant le reste de ses jours. Il travailla deux semaines à déblayer son squelette; puis, quand il l'eut totalement dégagé du sable, il signala sa trouvaille à l'administration du Muséum; deux des professeurs vinrent l'examiner; à leur retour à Paris, on en offrit au carrier une somme encore fort ronde. Celui-ci risposta par une demande extravagante de dix mille francs, s'il nous en souvient, en ajoutant péremptoirement que cette fois on n'abuserait plus de sa simplicité et qu'on n'aurait pas son mammouth à moins. Le Muséum n'est pas riche; quel que fût son désir d'ajouter cette pièce remarquable à ses collections, il ne répondit pas.

Ce silence fut loin de décourager le bon-
homme; convaincu que, si l'on se faisait tirer
l'oreille, on n'en finirait pas moins par se rendre à ses prétentions, il se décida à tirer un
parti provisoire de son antédiluvien. Il étaya
tant bien que mal sa galerie, ajouta une bar-
rière à son entrée et fit annoncer que, moyen-
nant le prix de un franc par tête, le public
serait admis à visiter les précieux débris. Les
curieux arrivèrent, mais en petit nombre, le
gisement étant situé à six ou sept kilomètres
de la ville; les recettes furent pourtant assez
satisfaisantes, pendant une semaine. Ébranlés
par ces allées et venues, les étais trop faibles
cédèrent, pendant la nuit heureusement et sans
entraîner de mort d'homme.

Ce qu'il y eut de plus triste, c'est que, le
sable ayant envahi la galerie, la partie de la
colline qu'il soutenait s'affaissa à son tour;
la terre reprit la complète possession de son
trésor, en le recouvrant de quelques centaines de mille mètres cubes, que le successeur

de Perrette ne pouvait plus songer à attaquer.

J'ai visité ces débris et quelle que soit mon ignorance en paléontologie, je puis déclarer

Fig. 3. — L'éléphant actuel.

qu'ils étaient remarquables par leur conservation; ils se trouvaient dans une situation obli-que, quatre dents étaient encore implantées dans les maxillaires, mais il n'y avait point trace de défenses; et les ossements des membres antérieurs nous ont paru assez complets. Beaucoup d'autres restes d'antédiluviens ont été d'ailleurs trouvés dans le pliocène inférieur de cette carrière. Ils peuvent y avoir été déposés pêle-mêle avec le sable par un violent remous des eaux qui ont dû courir entre les deux collines formant les rives de l'Eure, à l'endroit où se trouvait cette carrière, le chenal s'élargissant considérablement.

Bien que l'éléphant n'ait pas survécu en Amérique aux cataclysmes ou aux évolutions des premiers âges, on y rencontre, comme nous l'avons dit, les débris de ses représentants; des mastodontes ont été trouvés sur les bords de l'Ohio, dans des terrains meubles comme en Europe. De Humboldt a découvert dans les Cordillères une des variétés de ces géants, à laquelle il a donné le nom des montagnes où il gisait; il en a encore rencontré une espèce différente à la Conception, au Chili; enfin à Simorre, en Languedoc, on a relevé le mastodonte à dents étroites, et dans la Saxe une cinquième espèce plus petite que les autres.

Par une particularité bien curieuse, on découvre également en Europe, — Montagne Noire du Languedoc, — et dans différentes autres parties de la France, des vestiges de tapir, un pachyderme qui semble tenir la place de l'éléphant dans l'Amérique du Sud. Faudrait-il en conclure que la révolution géologique à laquelle on fait assez généralement remonter la réunion, dans un même ossuaire, des débris des différents mammifères des premiers âges de notre globe, s'est étendue aux deux hémisphères?

IV

Ce n'est pas d'aujourd'hui seulement que le problème s'est posé devant les hommes; des fossiles avaient été trouvés dans l'antiquité, en

Grèce et en Italie; seulement l'ingéniosité poétique des anciens a fait les honneurs de la possession de ces gigantesques ossements aux Titans de sa Fable, aux héros de son histoire, en les attribuant à Antée, à Évandre, à Entelle et même à Ulysse et à Énée. Théophraste et Pline les mentionnent.

Le moyen âge s'est approprié cette solution d'une séduisante simplicité. Des débris semblables ayant été recueillis en 1456 sous Charles VII, dans la baronnie de Crussol près de Valence, on en a doté un géant. Il en fut probablement de même de ceux qui furent déterrés sous Louis XI, au bourg de Saint-Peysac, dans la Drôme.

L'énorme accumulation de ces fossiles dans la région boréale a encore singulièrement compliqué la question. Il y a eu des millions de dents d'ivoire et d'ossements d'éléphants disséminés sur les rives du Don et sur celles de la Dwina, de l'Obi, de l'Irtisch, de l'Iénisséi, etc. Le journal de l'expédition du capitaine

Billing raconte que des îles entières, telles que îles Liaikhov, sont pour ainsi dire composées de ces restes; qu'il est impossible d'y creuser un puits sans en rencontrer. Les animaux gigantesques auxquels ils appartenaient avaient donc existé autrefois en quantités formidables?

Pour justifier l'indigénat de ces êtres dans ces régions désolées, où le renne ne trouve que des mousses et des lichens pour se soutenir, on a pris texte de la présence dans les mers polaires de cétacés, de phoques et de morses de la plus grande taille. La comparaison n'est point exacte ; ces cétacés et ces amphibies se nourrissent de mollusques, de poissons et de fucus dont la mer protège encore la végétation sous le pôle. Les monstrueux pachydermes, essentiellement herbivores, n'avaient rien à espérer d'un sol absolument stérile et presque toujours couvert de neige.

Et cependant, il faut l'avouer, la toison épaisse, les longs poils dont ces prédécesseurs

des éléphants étaient couverts, justifient l'opinion de Cuvier qui donnait le septentrion pour
patrie à ces animaux antédiluviens. On est
donc réduit à se demander si le froid était
alors, sous cette latitude, aussi violent qu'il
l'est aujourd'hui, si la terre n'y participait point
à cette exubérance de végétation qui, en don-
nant aux prêles de nos prairies les proportions
de grands arbres, comme l'examen des produits
houillers le démontre, pouvait ménager une
ample alimentation aux monstrueux mangeurs
qui l'habitaient.

On a encore avancé que l'habitation des
éléphants fossiles pourrait avoir été non pas
le Cercle Arctique, mais l'immense région
montagneuse du centre de l'Asie, d'où descen-
dent la plupart des fleuves qui se versent dans
les mers glaciales; les eaux de ces fleuves auraient charrié les restes de ces pachydermes,
que l'on retrouve sur leurs rives. Malheureusement pour la solidité de cette explication,
ces mêmes débris se trouvent également en

Allemagne, en Italie, en Angleterre même et, comme nous l'avons vu, en Amérique, et ce ne sont certainement pas les fleuves du Thibet qui les y ont apportés.

Laissons donc la solution du problème à l'avenir, que peut-être éclairera quelque nouvelle et importante découverte, et contentons-nous de retenir que le mammouth, *elephas primigenius*, était de plus grande taille que les deux espèces qui ont survécu et que l'histoire naturelle classe sous les titres d'éléphant d'Asie et d'éléphant d'Afrique. Ses défenses étaient plus longues et plus fortement arquées; celles du mammouth de M. Adams avaient environ 4 mètres de longueur; une autre défense trouvée près de Rome par MM. de la Rochefoucauld et Desmarets et faisant partie de la collection du Muséum, mesure $3^m,25$ de long, quoiqu'elle ne soit pas entière; elle a $0,217^{mm}$ de diamètre. L'*elephas primigenius* avait le crâne allongé, le front concave, les alvéoles des défenses très longues, la mâchoire inférieure obtuse. La différence la plus caractéristique se trouve dans la forme des molaires, dont la couronne, au lieu de présenter des rubans d'émail étroits et nombreux, ne montre que quelques losanges transversaux.

CHAPITRE II

L'Éléphant actuel.

I

Sur la foi des fossiles trouvés sur les bords de l'Ohio, on a présumé que des éléphants pouvaient exister encore dans la région inexplorée des sources du Mississipi et du Missouri. Une légende des Peaux-Rouges, attribuant des dimensions énormes à un animal réfugié, disaient-ils, dans ces contrées et que dans leur langage imagé ils appelaient le *Père des bœufs,* semblait prêter une certaine vraisemblance à cette présomption. Elle s'est évanouie lorsque de hardis voyageurs ont exploré jusqu'aux confins de l'Amérique septentrionale.

Il est bien établi aujourd'hui que l'éléphant n'y existe pas plus au Nord qu'au Midi, et que l'espèce n'en est représentée qu'en Asie, dans l'Océan Indien et dans l'Afrique. Elle forme deux genres : l'éléphant des Indes, — *elephas maximus* (Linné), *elephas indicus* (G. Cuvier), et l'éléphant d'Afrique, *elephas Africanus* (Cuvier).

L'éléphant indien est plus petit que l'éléphant d'Afrique; sa taille arrive souvent à $2^m,925$, plus rarement elle atteint à 3 mètres. Les oreilles sont également plus petites, les défenses plus courtes que celles de l'éléphant africain; son front est concave; ses pieds de derrière portent quatre ongles au lieu de trois; enfin sa peau est moins brune. On rencontre quelquefois, parmi les éléphants indiens, des albinos plus ou moins blancs, que dans certaines contrées de la péninsule indienne on prend en grande vénération.

Un peu plus grand, quoiqu'il n'arrive presque jamais aux 5 mètres qui ont été attribués à sa taille, l'éléphant d'Afrique a la tête ronde, le front convexe et incliné, les oreilles très grandes, ainsi que les défenses; la femelle en est armée comme le mâle; il n'a que trois doigts aux pieds de derrière au lieu de quatre; il est plus farouche et plus courageux que l'éléphant des Indes; il n'en avait pas moins été asservi et soumis à la domesticité par les Carthaginois, et c'était lui qui figurait dans les jeux du Cirque; mais les Nègres barbares qui habitent le grand continent du Sud ne le recherchent plus que pour manger sa chair et s'emparer de ses dépouilles.

L'espèce asiatique vit à l'état sauvage dans tout le Midi de cette partie du monde, du 16° de latitude nord au 25° de latitude sud, et dans le grand archipel qui y confine. On le trouve à Ceylan, à Bornéo, à Java, etc. L'éléphant d'Afrique se rencontre depuis le Sénégal jusqu'au Cap; il rétrograde de plus en plus vers le centre du continent noir, depuis que la civilisation l'envahit à la fois par le nord et par le sud.

Un éléphant adulte peut peser de 4,5oo à 5,000 kilogrammes. Darwin cite un éléphant qui dut être tué pour sa méchanceté et qu'il fallut dépecer pour emporter; le poids total était de 6,5oo kilos. La peau seule dépassait le poids de 1,000 kilos. Les défenses d'un éléphant d'Afrique arrivent au poids de 1,5oo kilos. Le jeune éléphant à sa naissance a l'épine dorsale beaucoup plus arquée que les vieux. Sa taille, à ce moment, n'est que de $0,948^{mm}$. Sa croissance est d'abord assez rapide; il grandit de $0,298^{mm}$ dans la première année de sa vie, de $0,217^{mm}$ dans la seconde, de $0,162^{mm}$ dans la troisième, de $0,135^{mm}$ dans la quatrième et la cinquième, mais il lui faut de dix-huit à vingt-quatre ans pour atteindre son entier et complet développement.

La crédulité populaire attribue une longévité extraordinaire à ces animaux; elle a été fort exagérée. Chez l'éléphant, comme chez les autres mammifères, la durée de la vie représente sept à huit fois celle de leur croissance.

L'éléphant vivrait donc environ 120 ans, ce qui est déjà fort beau.

II

Si énorme que paraisse cette masse, la tête semble trop volumineuse en proportion du corps; cependant la cervelle que recouvre cette formidable ossature est fort petite, puisqu'elle représente à peine la 500ᵉ partie du poids total. Le cerveau d'un éléphant adulte, pesé à Dublin, accusait un poids de six livres seulement. Ce modeste développement de l'organe intellectuel doit être attribué au prolongement des fosses nasales et olfactives à l'intérieur du crâne dont elles occupent une partie assez considérable.

Ceci nous amène tout naturellement à parler de cet appareil olfactif et de préhension qu'on appelle la trompe, l'organe caractéristique de l'espèce.

Cependant nous commencerons par faire remarquer que cette exiguïté de la matière cérébrale semble justifier une opinion sur laquelle, plus tard, nous aurons à revenir. Elle fut celle de quelques naturalistes; elle s'étaye aujourd'hui d'observations faites sur le vif par les Anglais, habitant l'Inde : elle tend à établir que l'intelligence de l'éléphant a été singulièrement surfaite comme sa taille et qu'il est loin de posséder le discernement et aussi le courage dont les panégyristes trop enthousiastes l'ont doté.

Pour plus de correction anatomique, nous emprunterons au professeur Desmarets la description de ce singulier organe, un nez qui est une main, une main qui est douée de l'odorat. Peut-être est-ce de lui que s'est inspiré Fourier, lorsqu'il a doté l'homme perfectionné d'un appendice caudal, qui, en raison de l'œil par lequel il devait se terminer, eût procuré une utile mobilité au sens de la vue.

« La trompe de l'éléphant (*proboscis*) est une

sorte de tuyau conique aplati en dessous et creusé intérieurement de deux canaux longitudinaux. Les parois intérieures sont revêtues d'une membrane tendineuse qui laisse suinter la mucosité lubréfiant ces deux canaux, lesquels communiquent avec les deux trous du nez et en sont séparés par une valvule. La matière de la trompe est un tissu charnu, épais, à deux ordres de fibres; les unes vont de la membrane intérieure à la peau, comme les rayons d'un cercle, et en se contractant elles élargissent les canaux de la trompe; les autres, qui sont longitudinales, servent à faire replier la trompe dans tous les sens et à la raccourcir; mais quoique ces fibres forment des milliers de faisceaux musculaires, il n'y a point de fibres annulaires. C'est un nez allongé et mobile qui peut remplacer la main. A l'extrémité, on remarque une espèce de languette ou de rebord qui joue le rôle des doigts : c'est à l'aide de cet étrange instrument que l'éléphant arrive à rivaliser d'adresse avec la main de l'homme. Sa raison d'exister se trouve dans le poids excessif de la tête, qui en obligeant la nature à raccourcir le cou ou bras de levier qui la soutient, devait empêcher l'animal de se baisser pour saisir facilement ses aliments à terre. »

Cependant c'est à tort que l'on a prétendu qui l'éléphant ne se couchait pas. L'erreur date de loin; elle vient d'Hérodote, qui l'avait empruntée au médecin d'Artaxercès, Ctésias, lequel n'avait pas examiné d'assez près le premier éléphant qu'il avait vu pour s'assurer que, comme les autres mammifères, ses jambes étaient pourvues d'articulations. Ce sont surtout les fables qui ont le don d'immortalité. La vérité est que l'éléphant se couche; dans l'état sauvage, il se couche même fort souvent, car l'épaisseur de sa peau lui fait sans cesse éprouver le besoin de la rafraîchir, et il rencontre peu de marécages sans s'y vautrer et s'y rouler comme un sanglier.

Il se couche même, quoique moins souvent, dans l'esclavage; mais il en est de lui comme dès chevaux, qui se résignent à dormir debout,

Fig. 4. — Éléphant royal, harnaché avec le *houdah*; Inde.

s'ils éprouvent quelque difficulté à s'étendre.

Buffon avait parfaitement compris que la réunion de ces deux sens, l'odorat et le toucher, agissant simultanément, devait donner à l'animal auquel elle était attribuée des notions beaucoup plus exactes que ne l'eussent fait chacun de ces sens agissant séparément. C'est en effet à sa trompe que l'éléphant doit la plus grosse part de l'esprit qu'on lui reconnaît; sans cet admirable instrument, il ne s'élèverait guère au-dessus du rhinocéros dont le corps a la même contexture grossière, dont les autres sens ont la même imperfection.

III

Avec sa taille gigantesque et ses armes redoutables, l'éléphant est cependant un être doux, inoffensif, nous dirons même presque timide. L'énorme quantité de végétaux nécessaire à sa consommation quotidienne, les habitudes de dévastation qui lui sont communes avec les autres pachydermes, rendent son voisinage redoutable pour les plantations; en revanche, loin de rechercher l'homme afin de l'attaquer, les éléphants s'enfuient aussitôt qu'ils l'aperçoivent. Bien mieux, comme nous le verrons plus tard en parlant de leur chasse, la seule odeur d'un homme qui vient de froisser les buissons de la jungle qu'ils veulent traverser suffit pour qu'ils s'en écartent.

On a fait de dramatiques récits des combats que les lions, les tigres, voire même les serpents boas, livrent aux éléphants dans la vie sauvage. Nous doutons fort que jamais bipède ait été témoin de l'un de ces duels, ailleurs qu'à la cour de quelque rajah assez opulent pour se ménager ce tragique passe-temps.

En réalité, le lion respecte cette stature imposante et se doute que la victoire elle-même serait trop chèrement achetée. Quant à l'éléphant, comme il n'a d'autre ambition que de trouver sur les arbustes une abondante et savoureuse provende, nous sommes convaincu qu'il n'a jamais songé, dans sa grosse tête, à disputer à son voisin le titre de roi des animaux dont nous l'avons honoré. Le tigre lui-même, malgré sa férocité, doit passer au large; les éléphants allant toujours par bandes, il doit comprendre que la partie ne serait pas égale. Quant au constrictor, nous lui supposons une appréciation assez exacte de ses proportions pour se rendre compte qu'il n'est pas de taille à étreindre cette énorme masse et à l'étouffer dans ses replis. Toute cette partie du peuple des grandes solitudes vit en paix; comme il arrive toujours, ce sont les petits, ce sont les faibles, qui font les frais de l'éternelle guerre des mangeurs et des mangés.

Les seuls ennemis que redoute l'éléphant, ce sont les mouches, les insectes; aussi fait-il bon accueil à certains oiseaux, qui comme nos sansonnets avec les moutons, s'installent sur son dos et, tout en faisant leurs petites affaires, débarrassent le géant des forêts de ces hôtes incommodes. L'on ne peut se figurer, dit Brehm,

Fig. 5. — Profil d'éléphant.

l'éléphant d'Afrique sans les *garde-bœufs*. Quel
beau spectacle que celui de l'un de ces animaux

gigantesques, marchant tranquillement en portant sur son dos une douzaine de ces oiseaux au plumage d'un blanc éclatant; l'un se repose, un autre fait sa toilette, un troisième explore tous les plis de la peau, y cherchant un insecte, une sangsue qui s'est attachée à l'éléphant pendant qu'il se livrait aux délices du bain.

CHAPITRE III

L'Éléphant dans la vie sauvage

I

Avant d'étudier l'éléphant dans le servage auquel l'homme a réussi à le réduire, je crois utile de l'envisager dans la vie sauvage qui reste le privilège de la plus grande partie de sa race.

Les êtres de l'indépendance forment deux grandes catégories, les mangeurs et les mangés ; la faiblesse de leurs défenses fait de ceux-ci les tributaires des premiers ; leur parfaite innocence est loin d'être pour eux la garantie de la vie paisible et heureuse qu'elle semblerait devoir leur mériter ; l'appétit des carnassiers représente pour eux une épée de Damoclès les menaçant à chaque instant dans leur existence; l'inquiétude perpétuelle avec laquelle ils sont aux prises empoisonne toutes les joies que l'animal peut trouver dans la satisfaction de ses besoins; il ne les goûte qu'à la dérobée; s'il aime, il est réduit à trembler non seulement pour lui, mais pour sa compagne, mais pour ses petits.

Leurs tyrans ne sont pas moins à plaindre; jamais assouvis, sans cesse tenaillés par la faim, ils sont toujours en quête d'une victime; il leur faut la chercher, la poursuivre laborieusement ou faire assaut de ruse avec elle pour arriver à la surprendre; la proie, ils n'arrivent quelquefois à la conquérir qu'au prix d'une lutte dans laquelle ils ne sont pas toujours les plus forts; puis il surgit souvent quelques compétiteurs auxquels il faut la disputer et qu'ils ne réussissent pas toujours à expulser du domaine qu'ils sont forcés de se réserver, sous peine de voir leurs chasses devenir infructueuses. Ils ont de plus à compter avec le mangeur par excellence, avec l'homme qui apporte à les traquer

Fig. 6. — Duel de géants.

encore plus d'acharnement qu'il n'en met à poursuivre de simples herbivores. En résumé, la vie d'un tigre ne doit pas être traversée par moins d'inquiétudes que celle d'une simple gazelle.

Parmi ces hôtes des grandes solitudes, il n'est guère que les éléphants dont l'existence s'écoule dans une tranquillité complète. Ils ont, comme tant d'herbivores, l'instinct de la sociabilité; ils vivent en troupeaux dont le nombre varie et s'élève quelquefois à plus de cent. Anderson, près du lac Ugami, vit un troupeau de cinquante éléphants. Au lac Tschad, Barth en a compté quatre-vingt-seize dans une seule bande. Wahlberg dit en avoir rencontré deux cents rassemblés en Cafrerie. D'autres voyageurs parlent de troupeaux de quatre à cinq cents de ces animaux; leurs exagérations sont manifestes : des gros mangeurs en pareil nombre auraient trop vite épuisé les vivres d'un canton et ils seraient forcés de changer sans cesse de séjour. Les fauves les plus redoutables et les plus féroces qui hésitent à attaquer l'animal, même quand il est isolé, ce qui n'arrive guère qu'à de très vieux mâles, ne se risquent jamais contre ceux qui font partie d'une de ces bandes. Le sentiment de la solidarité est très vif chez les éléphants; ils hésitent rarement à venir à l'aide de celui des leurs qui est en danger, si ce n'est peut-être lorsqu'ils se trouvent sous l'impression de la terreur que l'homme et ses armes à feu leur inspirent.

II

L'éléphant est donc le roi incontesté des jungles désertes de l'Asie comme des immensités broussailleuses du centre du continent africain; il a certainement le formidable appétit qui caractérise tous les potentats, mais en même temps l'humeur pacifique et débonnaire des ventrus; il vit de branches, de pousses tendres, de fruits, de feuillages, dont l'exubérante végétation de ces climats lui renouvelle sans relâche les tri-

buts, et, quand il est repu, trouvant que le monde est assez grand pour lui et pour eux, il ne moleste jamais aucun des innombrables êtres qui, à ses côtés, vivent de ces dons de la nature; sa royauté leur est douce.

Il est cependant un ordre de créatures qu'il exècre, celui des insectes, ou du moins un certain nombre d'entre eux. Il faut reconnaître qu'il a grandement à s'en plaindre. Ce monstrueux animal, devant lequel le tigre recule, est misérablement torturé par de misérables moustiques, et certaines variétés de fourmis qui s'introduisent dans les crevasses de sa peau; il sait s'en défendre en les chassant avec un rameau que sa trompe manie avec adresse, mais sa principale ressource contre leurs morsures, il la trouve dans le bain.

Peu d'animaux manifestent pour les ablutions un goût aussi passionné que les éléphants sauvages ou domestiques.

Dans les Indes et au Japon, des serviteurs sont spécialement chargés de laver ces der-

niers à grande eau. Une curieuse gravure du
maître artiste Hokusaï, qui florissait dans l'empire du Mikado vers 1820, nous a même conservé les détails de la toilette d'un éléphant
japonais.

Dans l'état sauvage, quand le troupeau change
ses cantonnements, le voisinage d'une rivière,
à son défaut, d'étangs ou de lagunes, dicte toujours les préférences du vieux couple qui lui
sert de guide et de chef. C'est surtout aux heures
les plus chaudes de la journée qu'ils se livrent
à ces délices du bain; toute la bande y prendra
part tour à tour, entrant dans l'eau à grand
bruit; les uns plongent dans les profondeurs;
ils nagent, immergeant quelquefois leurs têtes
entières et ne montrant plus que leurs trompes;
d'autres de ces énormes tritons, couchés pares-
seusement sur le sable de quelques bas-fonds,
aspergent le reste de leur corps au moyen de
cette trompe. Il faut croire que, si débonnaire
que soit l'éléphant, il lui déplaît d'être troublé
dans cette volupté suprême, car voici ce que

raconte un explorateur africain, M. Anderson :

« J'étais toujours averti de l'arrivée des éléphants par les symptômes de malaise que té-
moignaient les autres animaux en train de boire
dans le lac. La girafe balance son grand cou
çà et là; le zèbre fait entendre, à demi-voix,
des sons plaintifs; le gnou s'esquive d'un pas
bruyant; le pesant rhinocéros lui-même, quoique d'humeur querelleuse, ne manque pas,
quand il a le temps de la réflexion, de s'arrêter
tout court et d'écouter. Il se retourne, écoute
encore, et, s'il reconnaît que ses soupçons
étaient fondés, il fuit avec l'emportement de la
frayeur et de la colère. »

Vers la tombée du jour, le troupeau regagne
ses demeures, forêts ou broussailles, et consa-
cre ses soirées à manger, comme ses matinées;
bien que l'éléphant préfère les branchages et
même les racines succulentes à l'herbe, il ne
dédaigne pas celle-ci lorsqu'elle est tendre et
savoureuse; il l'arrache par poignées avec sa
trompe; la secoue contre un tronc d'arbre pour

dégager les racines de la terre qu'elles contiennent et la porte à sa bouche.

III

L'homme seul peut redouter le voisinage de ces colosses; ils ne le cherchent pas pour l'attaquer et le fuient au contraire, comme nous le verrons plus loin; si le troupeau culbute à son passage quelques cases de nègres, c'est par inattention, exactement comme nous effondrons une fourmilière en y posant notre pied. Mais l'éléphant, étant singulièrement friand de tous les aliments sucrés, donne avec acharnement dans les champs de canne à sucre et y fait de singuliers ravages; il recherche également les céréales, le maïs et même les millets. Brehm affirme que les Hindous réussissent à les écarter en entourant leurs plantations d'une simple palissade de bambous; si fragile que soit l'obstacle, les pachydermes n'essaieraient jamais de le traverser ; en revanche, les habitants de ces pays tropicaux reconnaîtraient la généreuse retenue de ces animaux en enlevant eux-mêmes ces fragiles défenses aussitôt que la récolte est terminée et en leur permettant ainsi d'y venir glaner.

Cette particularité se renouvellerait dans le Soudan, que le naturaliste allemand a plusieurs fois traversé, et les Soudanais en feraient les honneurs à l'esprit inné de justice qui caractériserait l'animal. « Les éléphants, lui disait un Cheikh des bords du Nil Bleu, ne te feront rien, si tu les laisses en paix. Ils n'ont jamais rien fait ni à mon père, ni à mon grand-père. Lorsque le temps de la moisson approche, je suspends des amulettes à de hautes perches, et cela suffit à des animaux si justes. Ils vénèrent la parole du prophète envoyé de Dieu. Ils craignent les châtiments réservés aux blasphémateurs ; ce sont des animaux justes. »

Peut-être, ce qu'ils craignent surtout, ce sont les représailles qu'une incursion dans les domaines qu'ils connaissent fort bien devoir appartenir à l'homme pourrait attirer sur eux. Toutefois, nous nous reprocherions de battre en brèche cette croyance superstitieuse, si elle peut sauvegarder l'existence de quelques individus d'une espèce aussi intéressante en Afrique où, depuis l'extension du commerce de l'ivoire, elle est si cruellement pourchassée et déjà beaucoup trop amoindrie. Le capitaine Trivier a raconté que Tipoo-Tib, le sultan musulman et commerçant du centre africain avec lequel Stanley avait des relations si étroites, possédait trente-six mille livres d'ivoire dans ses magasins. Que l'on juge par ce chiffre des destructions qui doivent en être faites.

L'existence des éléphants indiens, encore tourmentée, est cependant infiniment moins menacée qu'en Afrique; depuis que la nation anglaise a étendu sa domination sur la péninsule de l'Hindoustan, si on les traque, ce n'est plus pour s'emparer de leurs dépouilles en les immolant, mais pour les capturer vivants et les réduire au servage. Et puis, ils trouvent des retraites sûres dans les moites solitudes du Bengale, dans quelques parties ouest des Ghattes et surtout dans les immenses et impénétrables forêts des montagnes de Tipperah, au sud du district de Silher.

IV

Ces animaux ont, pour se défendre, non seulement leur sociabilité et l'instinct de solidarité qui en dérive, mais des sens singulièrement aiguisés. Le plus parfait chez eux est celui de l'odorat, d'une sensibilité merveilleuse; il semble que cette trompe, à l'aide de laquelle l'éléphant exerce sa sensibilité et qui est encore pour lui le siège du sens du toucher, doive à cette dualité et au développement du réseau nerveux qu'exige cet organe à deux fins, une susceptibilité extraordinaire; l'éléphant paraît en comprendre tout le prix, car dans les combats qu'il soutient, c'est toujours sa trompe qu'il cherche à préserver. Son ouïe est également d'une grande finesse en sa qualité d'hôte forestier; il est un peu moins bien partagé sous le rapport de la vue; cependant elle reste bonne ; mais en raison de la grosseur et de la lourdeur de sa tête, il ne saurait l'utiliser dans toutes les directions. Cette tête osseuse est au contraire parfaitement appropriée aux milieux qu'il habite; cette espèce de baliste, susceptible de renverser et de pulvériser de sérieux obstacles, lui permet de cheminer à son aise et sans gêne dans les fourrés les plus épais. Bien que l'éléphant ait le pas beaucoup plus allongé que l'homme, sa marche n'est pas très rapide, il ne franchit guère plus de soixante kilomètres dans sa journée.

Disons encore, avant d'aborder ses qualités morales, que la supériorité des sens de l'éléphant ne lui permet pas toujours de retrouver le troupeau auquel il appartient, quand il lui arrive de le perdre. En pareil cas, il est condamné à l'isolement, comme les vieux mâles atrabilaires dont nous avons parlé. La famille ne tolère pas d'intrus dans son sein et a un flair extraordinaire pour reconnaître ceux-ci. L'éléphant peut, dit Brehm, vivre dans le voisinage du troupeau qu'il a rencontré, se baigner et s'abreuver aux mêmes étangs, suivre la bande à distance, jamais celle-ci ne l'admettra dans ses rangs; s'il tente de s'y introduire, on l'écarte à coups de défenses et de trompes, et les femelles elles-mêmes se mêlent de le chasser. Ces solitaires que les Hindous appellent des *Gundahs,* deviennent assez souvent très méchants, et alors on les nomme *rogues;* dans les régions habitées, on est presque toujours forcé de les détruire à tout prix, en raison des ravages qu'ils y causent et des malheurs qu'ils occasionnent.

On attribuait autrefois une durée de deux ans à la gestation de la femelle; des observations plus récentes ont permis de constater qu'elle n'était pas de plus de vingt-deux mois et dix-huit jours. Chaque portée est d'un petit, bien rarement de deux. Les mamelles de la femelle, au nombre de deux, sont placées entre les pattes de devant. Le petit tette avec sa bouche et non pas avec sa trompe. Il se caractérise longtemps par l'arcure excessive de son épine dorsale. Il est adulte vers 18 ans.

V

Hors les cas d'épizootie, il est fort rare de rencontrer le cadavre d'un éléphant ayant succombé à une mort naturelle. Un Européen qui avait passé trente-six ans dans les jungles à observer les éléphants, disait en avoir vu des milliers vivants et n'avoir jamais rencontré que les squelettes ou les corps de ceux qui avaient succombé à quelque maladie épizootique. C'est probablement là l'origine d'une croyance particulièrement répandue dans l'île de Ceylan, que chaque troupeau enterre ses morts. Nous n'avons pas besoin d'insister sur l'invraisemblance de ces funérailles. En nos contrées même, dont les forêts sont de simples boqueteaux, comparées aux immensités asiatiques et africaines, on ne trouve que fort rarement soit des fauves, soit des bêtes noires, morts de mort naturelle. C'est un peu sans doute parce que nous ne les laissons pas souvent parvenir à la limite d'âge que leur accorde la nature, mais cela tient aussi à ce que l'animal, malade et se sentant près de sa fin, se retire et se recèle dans le fourré le plus épais, dans le coin le plus solitaire du milieu qu'il habite pour y terminer ses jours en paix.

Aussi les imaginations faciles à s'enflammer qui ont rêvé la découverte de ce fameux cimetière des éléphants, où des montagnes d'ivoire représentent des richesses pouvant lutter avec les trésors de la caverne de Monte-Cristo, feront-elles sagement de renoncer à leur chimère; elle peut servir de thème à un joli conte, mais rien de plus.

Du reste, d'après les témoins oculaires, il semble que ce colosse couronne sa vie innocente et pacifique par une fin digne d'un philosophe. Voici comment Tennent décrit la mort d'un éléphant, de la variété errante et solitaire dite *rogue,* qui avait été pris dans l'Inde après la capture d'un troupeau d'autres éléphants sauvages. « L'éléphant vagabond fut un des derniers pris. Quoique plus farouche que tous les autres, il ne se joignit pas à eux dans leurs tentatives de fuite; ils le repoussaient et ne l'admettaient pas dans leur cercle. Lorsqu'il fut amené près d'un de ses compagnons d'infortune, il se précipita sur lui et cherocha à le percer de ses défenses. Ce fut là le seul exemple de méchanceté qu'il donna. Une fois dompté, il s'agita, cria beaucoup, mais bientôt il se coucha tranquillement, signe, disaient les chasseurs, que sa fin était proche. Douze heures durant, il ne cessa pas de se recouvrir de poussière qu'il arrosait de sa trompe; enfin il resta affaissé et mourut tranquillement. On ne s'a-

perçut de sa mort qu'aux essaims de mouches
noires qui apparurent et qui le couvrirent presque instantanément, bien que, un moment
auparavant, on n'en eût pas aperçu une seule. »

VI

La vie sauvage est peu propre à développer
les instincts de l'éléphant et à les élever au-
dessus de la prudence. Gros mangeur, mais peu
délicat dans le choix des aliments, largement
pourvu sous ce rapport par l'exubérance de la
végétation tropicale, nullement agressif et
plein de confiance dans sa force, il se montre
rarement capable de ruse. Cependant, sous
l'impression de quelque crainte, il devient susceptible de réflexion et sait se dérober au danger par une tactique judicieuse, et surtout en
se réfugiant dans les profondeurs forestières
des montagnes où ses ennemis ne sauraient le

poursuivre. Brehm a trouvé des traces d'éléphants dans le pays des Bogos, à 1,600 et 2,000 mètres d'altitude, et les indigènes lui ont affirmé qu'ils s'élevaient à des hauteurs de 2,600 à 3,300 mètres. Von Der Decken, dans son ascension du Kilimandscharo, a effectivement trouvé des traces de ces pachydermes à 3,000 mètres au-dessus du niveau de la mer, ce qui démontre que leur organisme s'accommode, au moins temporairement, d'un abaissement assez considérable de la température à laquelle ils sont habitués.

Comme tous les animaux vivant dans l'indépendance, ils ont leurs passages : « Dans toutes les grandes forêts vierges, sur les deux rives du Nil Bleu, dit Brehm, ce n'est qu'en suivant les chemins tracés par les éléphants que l'on peut pénétrer dans ces forêts; ils y représentent toute l'administration des ponts et chaussées. Dans les montagnes, ces chemins sont souvent disposés avec une prudence à étonner les gens du métier. Quand il lui faut gravir une pente

Fig. 8. — Combat de Titans.

rapide, l'éléphant se montre un habile grimpeur. J'ai souvent pris plaisir à voir notre éléphant captif escalader des talus; il fléchit avec prudence ses articulations carpiennes; il abaisse de la sorte le train de devant et porte en avant son centre de gravité, il glisse en quelque sorte sur ses pattes ainsi fléchies et étend les pattes de derrière. Il monte fort bien à l'aide de cette manœuvre; quant à la descente, son poids la lui rend plus difficile. S'il marchait comme à l'ordinaire, il perdrait rapidement l'équilibre, tomberait en avant et paierait peut-être sa chute de la vie. Cela ne lui arrive pas. Il s'agenouille au haut de la pente, de façon à ce que sa poitrine touche le sol; il étend lentement ses pattes de devant jusqu'à ce qu'il retrouve un point d'arrêt, ramène ensuite à lui ses pattes de derrière et descend en glissant le long de la montagne. »

L'ingénieur anglais M. Tennent reconnaît, comme Brehm, que lorsqu'il gravit une montagne l'éléphant sait toujours choisir les meilleures crêtes, qu'il se tient admirablement en place et sait se frayer un chemin à travers des escarpements où un cheval ne pourrait passer. Il raconte encore que l'énorme animal a la faculté de marcher si légèrement qu'on l'entend à peine. « Un jour, dit-il, un troupeau sauvage se précipita dans le fourré avec un bruit formidable, mais bientôt il se fit un tel silence qu'un novice aurait cru que les éléphants s'étaient arrêtés, après avoir fait quelques pas. »

D'après le même voyageur, l'éléphant connaîtrait le danger que présente en temps d'orage le voisinage des arbres; il aurait apprécié les effets de la foudre et en aurait conservé la terreur. Un planteur, nommé Raxava, lui aurait affirmé qu'il avait remarqué qu'au moment où éclatait l'orage, les éléphants quittaient tout à coup la forêt et venaient se coucher dans les prairies à distance de tout arbre.

Le fait aurait certainement besoin d'être vérifié; cependant il n'est pas impossible que l'instinct de ces pachydermes, uniquement et

constamment tendu sur le soin de leur conservation, ait été frappé de l'acharnement avec lequel, dans les terribles orages des tropiques,
toutes les décharges électriques se concentrent
sur les massifs forestiers, et qu'ils cherchent
à s'en écarter lorsque les éclairs brillent et qu'ils
entendent gronder la foudre.

VII

Cette prudence de l'éléphant se retrouve dans
tous ses actes. Donnons la parole au major
Skinner, qui les a étudiés dans l'Inde avec la
patience d'un observateur :

« A l'une des rives du lac, dit-il, commençait
une épaisse forêt, de l'autre côté s'étendait la
plaine libre. C'était par un clair de lune splen-
dide que je résolus d'observer les éléphants;
un arbre gigantesque, dont les branches s'éten-

daient au-dessus de l'étang, me servit d'observatoire.

« Le troupeau n'était pas à cinq cents pas, mais ce ne fut qu'au bout de deux heures que j'aperçus le premier. Un grand éléphant sortit de la forêt, à environ trois cents pas de l'étang; il s'arrêta pour écouter. Il s'était avancé sans faire le moindre bruit et demeura plusieurs minutes immobile comme un roc. Il s'avança, s'arrêta de nouveau, et cela par trois fois, restant chaque fois immobile pendant quelques minutes, ouvrant les oreilles pour mieux écouter. Il arriva ainsi jusqu'au bord de l'eau. Je voyais son image s'y refléter; toutefois il n'étancha pas sa soif et se tint encore quelques minutes en observation. Puis, retournant silencieusement et prudemment, il rentra sous le couvert d'où il était sorti.

« Cependant il ne tarda pas à reparaître et cette fois avec cinq de ses compagnons. Tous s'avancèrent avec les mêmes précautions; mais, bien entendu, moins silencieusement. Le guide plaça les cinq éléphants en sentinelle, rentra dans la forêt et en ressortit bientôt suivi de toute la bande composée de quatre-vingts à cent individus. Tous marchaient sans bruit; je les voyais bien se mouvoir, mais je les entendais très peu. Ils s'arrêtèrent à mi-chemin. Le guide s'avança de nouveau, conféra avec les sentinelles et cette fois, pleinement rassuré, donna l'ordre d'avancer. Aussitôt le troupeau, oubliant toute idée de danger, se précipita dans l'eau. Ils se livraient, et le guide le dernier, au plaisir d'é-tancher leur soif et de se rafraîchir dans un bain bienfaisant. Jamais je n'avais vu autant d'animaux rassemblés sur un aussi petit espace; on eût dit qu'ils allaient vider l'étang. Je les observai avec intérêt jusqu'à ce qu'ils parussent satisfaits. Voulant voir alors l'effet que pourrait produire un bruit insignifiant, je cassai une petite branche, et aussitôt tout le troupeau dis-parut dans la forêt. »

L'éléphant a trois cris, le premier qu'il pro-duit avec sa trompe et qui ressemble à une note très aiguë de la trompette, exprime la satisfaction : il ne le pousse que lorsqu'il se sent en sûreté. Le second est un grognement sourd qui sort de la bouche et peut se traduire par les mots *ourmph, ourmph :* il lui sert à traduire l'impatience, comme lorsqu'il rencontre un obstacle qu'il ne peut pas surmonter, et aussi pour appeler les compagnons de sa tribu, lorsqu'il a découvert quelque nourriture abondante ou succulente. Le troisième est plutôt un rugissement qui ne cède pas beaucoup en puissance à celui du lion ; il le pousse lorsque, se voyant en danger, il va se lancer sur quelque adversaire, et les autres éléphants de sa troupe se rallient toujours à ce cri de guerre.

VIII

Comme nous le disions en commençant, l'Afrique, où la tradition de la domestication des

éléphants a été complètement abandonnée, sera,
très probablement la première à en voir la race
s'effacer. L'avidité des trafiquants d'ivoire en a
diminué le nombre; à mesure que la civilisation multipliera les moyens de communication
et les facilités de l'échange sur le continent
noir, la guerre faite à ces animaux deviendra
plus acharnée et, avant deux siècles, ils y se-
ront rares.

Les Asiatiques qui, ayant continué d'asservir

Fig. 9. — Un combat.

le grand pachyderme, le capturent vivant au
lieu de l'immoler, chez lesquels ces animaux
représentent le luxe le plus fastueux des souverains et des princes indigènes, les conserve-
ront plus longtemps. C'est donc le moment de
voir comment l'homme est arrivé, soit à utiliser
l'éléphant comme auxiliaire de chasse et de
guerre, soit à le faire servir au transport des
fardeaux; ceci nous fournira l'occasion d'étudier ce qu'est devenu l'animal à la suite de cette
domestication.

Mais avant d'aborder cette intéressante question, faisons remarquer que cette domestication
n'a jamais été complète; nous avons réduit au
servage des animaux sauvages, nous ne nous
sommes jamais approprié la race comme celle
du chien, du cheval, du bœuf, en l'amenant à
se perpétuer en domesticité pendant une longue
suite de générations.

Il est incontestable que certaines des facultés
acquises par un animal se transmettent hérédi-
tairement comme son instinct, et qu'elles se

fortifient à mesure que la domestication em-
brasse plus de générations.

L'arrêt du chien, l'aptitude au rapport, qui
n'existent pas dans la nature, passent cependant de l'ascendance à la descendance.

Cette sorte d'apprentissage ancestral, cette
confirmation de la main-mise de l'homme sur
une espèce, a totalement manqué à celle des
éléphants. La domination humaine s'est toujours, quant à eux, exercée sur l'être tel qu'il
sortait des mains de la nature, jamais sur un
animal que l'atavisme aurait préparé au rôle
qu'il était appelé à remplir.

Il nous semble donc que l'intelligence de l'é-
léphant, exagérée par les uns, niée par d'autres,
n'aura jamais donné sa mesure, tant que l'on
ne sera pas arrivé à obtenir sa reproduction
régulière dans la servitude, tant que l'on n'aura
pas observé les rejetons d'une suite d'animaux
vraiment domestiqués.

CHAPITRE IV

La domestication de l'Éléphant.

ÉLÉPHANTS, ANIMAUX DE TRANSPORT. — ÉLÉPHANTS DE
GUERRE. — ÉLÉPHANTS DE PARADE. — ÉLÉPHANTS
RELIGIEUX. — ÉLÉPHANTS TRAVAILLEURS. — ÉLÉ-
PHANTS DE CIRQUE.

I

On s'imagine difficilement comment, pour
la première fois, se réalisa la conquête de l'éléphant qui, pour l'homme primitif, nu et désarmé, devait être un sujet d'épouvante. Le
hasard fut vraisemblablement pour quelque
chose dans cette prise de possession de l'espèce,
car si démesurées que soient les ambitions hu-

maines, il est peu probable que l'asservisse-
ment de ce gigantesque animal ait été prémédité
par celui qui le réalisa tout d'abord. Un jeune
éléphant orphelin, recueilli, élevé, grandi auprès de celui qui l'avait adopté, initia peut-
être l'Hindou à la possibilité de se ménager ce
puissant auxiliaire; ce début dut démontrer
tout de suite combien, malgré ses formes colos-
sales et sa force, ce pachyderme était facile à
réduire, et avec quelle rapidité il acceptait le
servage. En sa qualité de gros mangeur, l'éléphant est l'esclave de son estomac, il doit en
subir la loi; s'il souffre de la faim pendant
quelques jours, il abdiquera quelque chose de
son indépendance, comme aussi il est disposé
à accepter pour maître celui qui le nourrira
abondamment, et même à s'attacher à lui, s'il
en reçoit les aliments dont il est friand; c'est
l'histoire de tous les ventres.

Quoi qu'il en soit, les Hindous avaient, depuis longtemps, non seulement complété la
réduction de cet animal lorsque Alexandre

pénétra dans leur pays, mais ils l'utilisaient au point de vue militaire. L'éléphant servait de monture aux rois, aux chefs de guerre, et nécessairement il avait un rôle important et sans doute décisif dans les batailles. Quoique la seule odeur de l'éléphant suffise quelquefois à effrayer le cheval, la cavalerie du roi d'Épire soutint vaillamment leur choc. Alexandre s'empara des redoutables animaux de guerre du roi Porus, et ce fut lui qui fit passer en Europe les premiers éléphants et les premiers perroquets qu'on y ait jamais vus.

Homère avait bien parlé de l'ivoire, mais il ne dit rien de l'animal qui le fournit. Hérodote est le premier qui en ait fait mention.

II

Les peuples de l'Afrique ancienne avaient domestiqué leurs éléphants, comme les Hindous,

et, comme eux, ils s'en servaient dans l'armée
d'Annibal qui leur fit traverser les Alpes; on a
même prétendu que les ossements trouvés près
de Lyon devaient provenir de ces auxiliaires
de la grande guerre punique. Dans ses *Annales*,
Caton rapporte que l'éléphant de l'armée car-
thaginoise qui se montra le plus vaillant, se
nommait Susus. Quand Pyrrhus s'attaqua à son
tour aux Romains, il amena également une
troupe d'éléphants; ces animaux portaient des
tours dans lesquelles se trouvaient plusieurs
archers qui, lorsque leur monture avait jeté le
désordre dans les rangs en y pénétrant, cou-
vraient les ennemis d'une grêle de traits; mais
les légionnaires, familiers avec cette tactique,
avaient fini par la mépriser; ils s'attachaient à
frapper le conducteur, placé, comme cela se
pratique encore aujourd'hui, sur le cou même
de l'animal, et une fois qu'ils l'avaient tué,
l'éléphant privé de son guide, se rejetant en
arrière, portait la confusion chez ceux-là mêmes
dont il avait mission de protéger les attaques.

Les éléphants furent pris, et le vainqueur de

Fig. 10. — Piège à éléphants.

Pyrrhus, Curius Dentatus, les présenta à la ville
de Rome qui jusqu'alors n'en avait jamais vu.

Ces colosses étaient destinés à y devenir assez communs, et les citoyens romains en eurent depuis lors des exhibitions multipliées. Lorsque le grand Pompée triompha de l'Afrique, son char fut traîné par quatre monstrueux éléphants : à dater de cette époque, ils jouèrent un rôle important dans les jeux du cirque.

Le premier combat d'éléphants que l'on vit à Rome, eut lieu pendant l'édilité curule de Claudius Pulcher, sous le consulat de M. Antonius et de A. Posthumius, en l'an de Rome 655. Les deux frères Lucullus, édiles, firent combattre vingt éléphants contre des taureaux, sous le second consulat de Pompée. L'an de Rome 700, à propos de la dédicace du temple de Vénus la Victorieuse, ils fournirent un autre spectacle sur lequel Pline l'Ancien nous a conservé de curieux détails :

« Vingt éléphants, selon d'autres dix-sept, combattirent dans le cirque contre les Gétules qui les attaquaient avec des javelots. Un de ces éléphants excita surtout l'étonnement. Les pieds percés de traits, il s'élança, en se traînant sur les genoux, contre ses adversaires, leur arrachant leurs boucliers qu'il jetait en l'air; ces boucliers tournoyaient en retombant, à la grande joie des spectateurs, qui acceptaient cet effet de la fureur de l'animal pour un tour d'adresse et y applaudissaient. Enfin, réduits aux abois, ces éléphants se réunirent et essayèrent de faire une sortie qui mit beaucoup de désordre dans le peuple qui entourait les grilles de fer. Alors les éléphants de Pompée, ayant perdu tout espoir de s'échapper, implorèrent la miséricorde du peuple par leurs gémissements et des attitudes indescriptibles; leur pantomime fut si éloquente que les Romains, pris de pitié, oublièrent la magnificence du spectacle dont on les avait gratifiés; ils se levèrent en versant des larmes, maudirent Pompée, et leur malédiction ne tarda pas à lui porter malheur. »

Cet exemple n'empêcha point son rival César de renouveler à deux reprises ces sanglantes représentations, en faisant combattre une fois

20 éléphants contre 5oo fantassins; une autre fois, en mettant aux prises 5oo fantassins et 5oo cavaliers contre 20 éléphants porteurs de tours dans lesquelles se trouvaient 6o combattants.

Sous les règnes de Claude et de Néron, le gladiateur désireux d'obtenir son congé était tenu de combattre un éléphant seul à seul.

III

Pline fait trêve, en ce qui concerne l'éléphant, à l'histoire naturelle fantaisiste dans laquelle il est assez souvent enclin à verser. Il exagère quelque peu leur intelligence, en leur attribuant des sentiments religieux et le culte du soleil et de la lune, mais il est déjà bien renseigné sur l'habitat de l'éléphant d'Afrique qui vit, dit-il, dans les déserts de Syrte et dans la Mauritanie, dans l'Éthiopie et dans la Troglodytique (la grande forêt de Stanley); Pline

Fig. 11. — L'armée d'Annibal passant les Alpes avec ses éléphants.

a même des notions exactes sur les éléphants
de l'Inde et il nous apprend qu'à cette époque
on les y employait à labourer la terre comme
à servir de monture.

En revanche, quand il s'agit d'énumérer les
propriétés thérapeutiques que l'imagination des
anciens disciples d'Esculape prêtait aux différents organes de l'éléphant, le bon Pline retrouve toute sa candeur : — Le sang de l'éléphant, et surtout de l'éléphant mâle, arrête
toutes les fluxions et guérit les rhuma-
tismes. — Les raclures d'ivoire mêlées avec
du vin métallique (?) enlèvent les taches de
rousseur. — L'attouchement de la trompe
guérit les douleurs de tête, surtout si l'animal
vient à éternuer à ce moment-là. — Le foie
guérit de l'épilepsie. — La partie droite
de la trompe est un remède contre la dé-
bilité, etc., etc., — car dans un être aussi
volumineux, c'était bien le moins qu'il se trou-
vât des panacées pour tous les maux.

Après la chute des deux empires romain et

byzantin, les éléphants ne firent plus en Europe que de bien rares apparitions. On n'a guère conservé la mémoire que de celui que le roi de France envoya au roi d'Angleterre Henri III, vers 1255. Le peuple anglais vint en foule assister à l'arrivée de cette merveille. Le shériff de Kent avait reçu l'ordre de se rendre en personne à Douvres pour aviser d'amener l'animal à destination, et il décida de lui faire remonter la Tamise. On avait construit, dans la tour de Londres, un bâtiment de quarante pieds de longueur sur vingt de largeur, et ce fut là que l'éléphant du roi fut logé.

Dans l'Orient, au contraire, les éléphants devinrent, de plus en plus, l'apanage des rois et des rajahs indigènes. Le nombre plus ou moins grand que chacun d'eux en possédait, fut considéré comme la plus éclatante manifestation de leur luxe et de leur puissance. Ils étaient, du reste, les montures prédestinées de ces souverains que la servilité de leurs peuples élevait au rang de demi-dieux. Ils les employè-

rent à la guerre, à la chasse, et les faisaient figurer en grand apparat dans les cérémonies;
ils avaient encore la mission de transporter les
femmes des harems, enfermées dans des cages
à treillis dorés que l'on plaçait sur le dos de
l'animal, lorsqu'elles avaient à voyager.

Les temples hindous et les pagodes avaient
également leurs éléphants; d'autres étaient em-
ployés par les commerçants au transport des
fardeaux. Enfin c'était à ces animaux qu'étaient
réservées les fonctions d'exécuteurs des hautes
œuvres. Le grand Mogol, qui en possédait des
milliers, en avait un certain nombre qui étaient
réservés à l'exécution des condamnés à mort.

Le dressage de ces derniers était l'objet de
raffinements bien dignes de la barbarie de ces
temps et de ces peuples. Sur l'ordre du cornac,
ils savaient mesurer les tortures du supplicié,
soit à l'énormité de son crime, soit à la cruauté
de ses bourreaux; si leur conducteur voulait
une mort rapide, ils saisissaient le malheureux
avec leur trompe, le lançaient en l'air et ré-

duisaient immédiatement son corps en bouillie en le piétinant; si au contraire on lui ordonnait de faire passer la victime par toutes les affres suprêmes, ils lui rompaient les membres les uns après les autres et lui faisaient subir toutes les angoisses de la douleur humaine. Il est bon d'ajouter, pour la justification des potentats de l'Orient, qu'alors en Occident nous avions la roue qui était aussi cruelle et à coup sûr moins pittoresque.

Tous ces éléphants princiers étaient parés, comme des châsses, de colliers d'or, d'argent, enrichis de pierres précieuses; leurs majestueuses oreilles elles-mêmes étaient ornées de pendeloques. Cette coutume s'est perpétuée jusqu'à nos jours dans certains royaumes de l'Inde. A Siam, le père Larnaudie en a vu jusqu'à sept cents réunis pour une revue royale et marchant en très bon ordre. Il y a eu au commencement du siècle, dans le même pays, des batailles où l'on en compta six mille, réunis dans les deux camps.

IV

Il est vrai que le Siam, qui a choisi l'éléphant blanc pour emblème et l'arbore sur ses drapeaux, comme il en grave l'image sur le sceau de l'État, peut être considéré comme la terre d'élection de l'espèce. Cet éléphant blanc est tout simplement un albinos, — les éléphants ont les leurs comme les souris. Les Siamois ne l'adorent point, comme on le croit généralement; mais une idée superstitieuse, datant d'un temps immémorial, s'attache à leur possession; il est le porte-bonheur des souverains de cet étrange pays.

Il paraît que ces albinos sont assez rares : « Dès qu'un des chefs de l'intérieur a découvert un quadrupède ainsi teinté, dit le marquis de Beauvoir, il rassemble toutes les tribus des environs pour le traquer. On le prend, grâce à de puissants stratagèmes, et, après cette douce violence, qui a bien coûté quelques centaines de bras et de jambes broyés, on l'amène jusqu'à Bangkok sur une barque royalement ornée, où il est servi par une escouade d'esclaves prosternés à ses pieds. Les mandarins de Bangkok, installés dans les barques royales, remontent le fleuve au-devant de lui et l'honorent des plus beaux présents. Leur religion leur enseigne que les âmes des Boudhas transmigrent dans le corps des oiseaux blancs, des singes blancs, des éléphants blancs. A ces derniers surtout hommage et vénération, en raison du nombre considérable de mètres cubes de divinité qu'ils doivent contenir. »

M. de Beauvoir, au cours du voyage autour du monde dans lequel il accompagna le duc de Penthièvre, eut la faveur rare d'être autorisé à contempler l'éléphant sacré. Voici la description qu'il a donnée de cette séance mémorable, qui ne paraît pas avoir produit une bien profonde impression sur le spirituel voyageur :

« Au seuil du temple-écurie, une quinzaine
de mandarins qui nous accompagnent se pros-
ternent à quatre pattes, et nous, conformément
aux convenances, nous entrons chapeau bas
dans le sanctuaire, avec force révérences des
plus respectueuses. La voilà donc, cette divinité blanche qui est l'emblème du royaume de
Siam et devant laquelle s'incline tout un peuple. Quel n'est pas notre désenchantement de
trouver l'éléphant blanc, de la couleur de tous
les éléphants du monde! En revanche, il est
surchargé de bracelets d'or, de colliers d'or,
d'amulettes et de pierreries. On lui sert ses
repas sur d'énormes plateaux de ce précieux
métal, finement ciselés, et l'eau qui lui est des-
tinée est conservée dans de magnifiques am-
phores en argent. Pourtant, en approchant
de l'animal chargé de reliques, nous arrivons
à découvrir que sa peau est un peu plus grise,
d'une nuance plus blanchâtre que celle du
commun des éléphants. Ce sont seulement ses
yeux entièrement blancs qui l'ont prédestiné à

tant d'honneurs; en cela, le dieu est albinos, qualité très rare.

« Quant à nous, nous ne refusons aucun des hommages consacrés à l'éléphant; c'est la moindre politesse que nous puissions faire à nos aimables hôtes siamois. La bête elle-même, ravie du tas d'herbe tendre que nous lui faisons offrir sur un de ses plateaux d'or, trépigne et se dandine gaiement sur les trois pieds qui lui sont laissés libres. Le quatrième est maintenu par une chaîne rivée, sans quoi je pense que l'idole vivante déguerpirait au plus vite de ce lieu où elle est en odeur de sainteté, pour courir dans la jungle avec ses profanes et regrettés compagnons de vie nomade.

« Nous restons plus d'une demi-heure dans ce temple, examinant les ornements de cérémonie qui sont comme des harnais suspendus aux parois de marbre. Il y a un kiosque doré à clochetons, monté en sellette, des étuis, des boucles d'oreilles et des centaines de bagues « à défenses » qui, ajoutées à celles qu'il porte déjà, doivent lui faire une étonnante décoration mythologique. Il ne faut pas oublier que nous ne voyons l'éléphant qu'en négligé du matin; jugez de ce que cela doit être quand il est en grande toilette.

« Nous ne voulons pas sortir sans exécuter un pari que nous avions fait avant de quitter l'Europe, celui de rapporter chacun trois poils de l'éléphant blanc. Mais cette pieuse opération épilatoire nous paraît une facétie fort dangereuse, maintenant que nous nous trouvons nez à trompe avec l'animal. Corrompre à coups de « boulettes d'argent » son premier valet de chambre qui se faufile dévotement, respectueusement en marchant sur ses genoux, et qui, de neuf coups saccadés, les arrache sous la lèvre inférieure, voilà qui fut fait plus vite qu'il ne faut de temps pour l'écrire, et voilà comment j'ai conquis ces reliques capillaires. »

V

Quand ils devinrent les maîtres de l'Hindoustan, les Anglais, empruntant l'éléphant aux indigènes, l'ont adopté comme bête de somme et de chasse; ils l'utilisent également à la guerre, non plus comme au vieux temps pour jeter l'épouvante dans les rangs de l'ennemi, mais pour transporter non seulement les chefs de l'armée, mais les bagages, les tentes, les malades et les blessés. Frappés de la facilité avec laquelle il s'était approprié au labourage et à la traction de fardeaux que dix chevaux auraient de la peine à remuer, ils l'ont attelé à des trains d'artillerie, et l'expérience a donné de bons résultats.

Il est cependant, dans de telles conditions, fort difficile de leur faire traverser une rivière; nous avons raconté la volupté que le pachyderme trouvait dans les bains; sa passion pour les plongeons l'emporte sur les obligations du service qu'il accomplit; lorsqu'il entre dans l'eau, il plonge si bas qu'il n'y a plus que le bout de sa trompe qui se montre à la surface; non seulement il devient impossible de le diriger, mais l'ablution qui en résulte est toujours

Fig. 12. — Éléphants charriant un canon.

fâcheuse pour les passagers qui ont pris place sur son dos. En revanche, s'il doit traverser soit un pont de bateaux, soit un marais, il s'assure avec sa trompe que le plancher ou le terrain sont assez solides pour supporter son énorme poids.

Passionnés de chasse comme sont les Anglais, ils se servent d'éléphants pour tirer les tigres, ainsi que nous le verrons plus loin. De plus, lorsque le vice-roi, les gouverneurs de province se déplacent, les rajahs venant se joindre à leur cortège avec les éléphants qui leur appartiennent, on revoit ces armées de pachydermes qui étaient le luxe des rois aux temps de l'indépendance. Lorsque sir Jasper Nicholls rejoignit le camp de Ferozpoor dont il venait prendre le commandement, il avait à sa suite quatre-vingts éléphants et trois cents chameaux. Lorsque le gouverneur général fit son entrée à Bombay, il amenait avec lui cent trente éléphants et sept cents chameaux.

CHAPITRE V

Chasses à l'éléphant.

I

L'homme dut hésiter avant de s'attaquer à ces monstrueux animaux. Lorsqu'il songea à se les approprier, il eut très probablement recours à un piège qui lui avait déjà réussi contre de gros ruminants, à celui dont se servent encore les naturels du Continent Noir et dont les conditions primitives n'excluent pas l'efficacité. Ce piège consiste en une fosse profonde, à parois perpendiculaires, creusée dans un des passages que les pachydermes se frayent dans les forêts, recouverte de menus branchages dissimulés sous une légère couche de terre, qui, cédant sous l'énorme poids de l'éléphant, le livrait à la merci de son adversaire en lui permettant de le tuer sans danger à coups de flèches ou de sagaies.

Peut-être aussi, comme certains nègres le font encore, d'après du Chaillu, disposait-il des lianes en manière de nœuds coulants, de façon à y arrêter les animaux au passage et à pouvoir les mettre à mort avant qu'ils eussent la ressource de se dégager.

N'en déplaise à Horace, le premier marin ne fut pas seul à posséder un cœur doublé d'un triple airain; le cœur du premier chasseur qui aborda l'éléphant avec des armes rudimentaires, n'était certainement pas moins solidement blindé et il est à peu près certain que ce fut en s'aidant d'une tactique également encore usitée dans l'intérieur de l'Afrique. Observateur, comme on le devient lorsque la passion vous incite, le Nemrod des premiers âges avait probablement remarqué la difficulté qu'en raison de la brièveté de son cou, la grosse proie qu'il enviait éprouvait à se retourner rapidement. S'appro-

Fig. 13. — Troupe d'éléphants se précipitant dans le *corral*.

chant par derrière et à bon vent de l'animal, il lui coupa les tendons des jarrets, et d'un bond se mit en sûreté; il devint alors le maître de la vie de l'éléphant, tout aussi bien que s'il l'avait au-dessous de lui dans une fosse, ou bien retenu par des liens inextricables. Stanley a retrouvé ce procédé utilisé par les nains nègres qu'il a découverts dans l'immensité des forêts de l'Afrique centrale.

Bruce décrit également cette chasse qu'il a observée en Abyssinie. « On y trouve, dit-il, des hommes bruns, vivant dans les bois de la chair des animaux qu'ils tuent; ils sont fort adroits, vifs et agiles. On les nomme *agagerse*, c'est-à-dire *coupe-jarrets*, parce qu'ils arrêtent ainsi les éléphants en les poursuivant à cheval, nus et le sabre à la main; ils s'en approchent et les excitent; lorsque l'éléphant fond sur eux, ils fuient, reviennent par un prompt détour et lui coupent les tendons du talon. Ensuite on achève l'animal à grands coups de sagaies, on lui enlève ses défenses, puis on découpe sa chair en lanières, que l'on mange crue. »

Les flèches empoisonnées jouèrent également

un certain rôle dans ces premières chasses où il ne s'agissait que de s'emparer des dépouilles de ces animaux; mais bientôt la facilité avec laquelle ils acceptaient le servage, les services qu'ils étaient appelés à rendre comme bêtes de guerre, en inspirant le désir de les prendre vivants, fit imaginer de nouvelles méthodes pour s'emparer d'eux.

Au temps où il y avait encore des éléphants sur les contreforts de l'Atlas, les Carthaginois savaient les prendre et les dompter. Ils s'en servirent pour la première fois dans la guerre de Sicile contre Hiéron; un passage d'Appien constate que, lorsque Scipion l'Africain menaça Carthage, Asdrubal reçut la mission d'aller recruter un certain nombre de ces animaux dans les forêts de l'Atlas et qu'il s'en acquitta rapidement. L'opinion que l'éléphant d'Afrique est indomptable, est battue en brèche par différents passages d'autres historiens. D'après Polybe, les Égyptiens les utilisèrent dans leurs guerres contre les Séleucides. Ptolémée Philadelphe et son successeur Évergète négocièrent pour décider les Abyssiniens à prendre des éléphants et à les dompter; ces peuples s'y étant refusés, Ptolémée Évergète exécuta une expédition en Abyssinie et fonda à Arkéka, près de l'îlot de Massouah, une colonie de chasseurs, qu'il nomma Ptolémaïs-Théron. Ce prince nous apprend lui-même, dans l'inscription d'Adulis, que cette colonie réalisa ses espérances, et lui livra des éléphants d'Éthiopie supérieurs à ceux de l'Inde. Du reste, toutes les têtes d'éléphants que reproduisent les médailles romaines, ne représentent que l'espèce d'Afrique caractérisée par le développement des oreilles.

II

Il est donc évident que les procédés pour les prendre vivants furent les mêmes sur les deux continents, et il est plus que probable qu'ils

n'ont jamais varié. Les institutions de l'empereur Akhbar ont traité de ces diverses méthodes.
La première, qu'il nomme *Kehdeh*, consiste à
traquer le troupeau avec de la cavalerie, des
gens de pied, et à grand bruit de tambours et
de trompettes : c'était une véritable chasse à
courre ; quand l'éléphant s'arrêtait à bout de
forces, un chasseur adroit lui jetait au col une
forte corde et l'attachait à un arbre, puis un éléphant privé, arrivant, paralysait sa résistance

Fig. 14. — La capture.

et le domptait. Le chasseur était monté sur un de ces éléphants privés, dans la chasse qu'on appelle *Tchourkehdeh*; il poursuivait un éléphant sauvage, auquel il passait également un nœud coulant, lorsque sa propre monture attaquait celui-ci. Dans la chasse *Guedd*, l'éléphant, attiré dans une fosse couverte de gazon, y était laissé jusqu'à ce que, vaincu par la faim et par la soif, il se laissât maîtriser.

L'empereur Akhbar avait imaginé une autre chasse, qu'il prend la peine de décrire : On dispose une troupe d'éléphants mâles en forme de cercle ; on conduit les femelles dans une autre place, mais à portée de la vue. Alors les traqueurs, qui ont entouré les éléphants sauvages, les effrayent en poussant des cris ; ceux-ci, courant pour se réunir aux femelles, pénètrent dans l'enceinte formée par les éléphants privés et la bande, ainsi capturée, ne tente pas d'opposer la moindre résistance.

III

Des siècles se sont écoulés; mais en dépit du progrès, quand il s'agit de piégeage — et c'en est un, — les primitifs se trouvaient à peu près aussi avancés que les modernes. Vous allez reconnaître, par le récit minutieusement détaillé que nous donne Tennent d'une des grandes battues aux éléphants auxquelles il a assisté, que la méthode du sultan Akhbar et probablement des anciens Africains, n'a subi que bien peu de variantes, même en Asie.

*
* *

« Autrefois, dit-il, tous les préparatifs de ces chasses représentaient des corvées que les naturels devaient à leurs maîtres. Depuis 1832, époque où le gouvernement britannique a aboli les corvées, les hommes que l'on y emploie sont rétribués, et le gouvernement paye tous les frais que nécessitent les préparatifs, construction·du corral et des abris pour le personnel, achat de pieux, de cordes, d'armes, de tambours, etc.

« On choisit pour cette chasse l'époque de l'année où les champs auront le moins à en souffrir, c'est-à-dire la période qui sépare les semailles des moissons. Le peuple, indépendamment des jouissances que lui ménage le spectacle, est intéressé à voir diminuer le nombre des éléphants qui ravagent souvent ses récoltes. Les prêtres encouragent cette chasse, car les pachydermes ont une prédilection particulière pour les feuilles d'un arbre sacré et ne se gênent pas pour les manger. Ils désirent, de plus, recevoir quelques-uns de ces animaux pour le service de leurs temples. Les grands seigneurs, de leur côté, sont fiers de montrer le nombre de leurs serviteurs et de prouver la qualité des éléphants apprivoisés qu'ils mettront au service des chasseurs. Enfin ces battues procurent du travail pour plusieurs semaines à un grand nombre des habitants du canton; ils ont à planter des pieux pour former le corral, à frayer des chemins à travers les jungles et à relayer les rabatteurs.

« On choisit, pour terrain de chasse, un endroit rapproché de l'un des chemins les plus fréquentés par les éléphants; il faut qu'il se trouve dans le voisinage d'un cours d'eau, où les animaux puissent boire lorsqu'on cherche à les attirer, où ils puissent se baigner et se désaltérer pendant qu'on les dompte. En formant le corral, on se garde bien de détruire les arbres et les broussailles de l'intérieur de l'enceinte, surtout du côté de l'entrée, car il est indispensable de leur masquer la clôture.

« Les pieux dont on se sert ont de 3o à 33 centimètres d'épaisseur; on les enfonce de 1 mètre en terre, ils s'élèvent de 4 à 5 mètres au-dessus du sol. L'espace qui les sépare doit être assez large pour livrer passage à un homme; entre ces pieux on entrelace des lianes et des

bambous, et on les soutient encore par des arcs-
boutants. Le corral que j'ai vu avait environ
150 mètres de long et 75 de large. A l'une de
ses extrémités était ménagée une ouverture que
l'on pouvait fermer instantanément au moyen
de poutres. Aux deux angles de l'extrémité par-
taient deux clôtures en forme d'ailes, disposées
comme les parois de l'enceinte et soigneusement
masquées par des arbres. Si le troupeau ne pé-
nétrait pas dans l'enclos, qu'il déviât à droite
ou à gauche, il rencontrait un obstacle et était
forcé de se rabattre sur l'ouverture du corral.
Une estrade avait été ménagée dans un bouquet
d'arbres, pour le gouverneur et ses invités;
elle dominait l'enceinte, et du moment où les
animaux avaient pénétré dans le corral, on ne
perdait aucune des péripéties de leur capture.

*
* *

« Quand le corral est terminé, les rabatteurs se mettent à l'œuvre. Ils ont souvent à former un cercle de plusieurs lieues afin de rassembler un nombre plus considérable d'éléphants. La marche de ces traqueurs doit être aussi patiente que prudente. Il ne faut pas faire fuir les éléphants dans des directions opposées à celle qu'ils doivent prendre. Ces paisibles animaux ne demandent qu'à paître en sûreté. A peine inquiétés, ils s'éloignent; il ne faut donc les troubler que juste assez pour qu'ils se rapprochent de l'enceinte. On peut donc, de la sorte, réunir plusieurs troupeaux et jour par jour les pousser lentement vers le corral. Deviennent-ils inquiets, se montrent-ils agités, on a recours à des procédés plus violents pour empêcher qu'ils ne s'écartent. On allume de dix pas en dix pas, autour du point qu'ils occupent, des feux que l'on entretient jour et nuit. L'essentiel est que les rabatteurs, qui sont au nombre de deux à cinq mille, conservent la rectitude de leur ligne; la moindre faute sous ce rapport peut permettre au troupeau de s'échapper et rendre inutile le travail de plusieurs semaines.

« Cette fois, ces préliminaires avaient exigé deux mois; ils venaient de se terminer, lorsque nous prîmes place sur l'estrade d'où nous pouvions découvrir l'entrée du corral. Près de nous, à l'ombre, était un peloton d'éléphants apprivoisés fournis par les temples et les rajahs pour aider à la capture des sauvages. Trois troupeaux différents, représentant quarante à cinquante animaux, étaient cernés et se tenaient cachés dans les jungles. Tout bruit était interdit; on ne devait parler qu'à voix basse.

« Tout à coup le signal ayant été donné, le silence de la forêt fut troublé par un tapage infernal de cris, de roulements de tambour et de détonations d'armes à feu. Ce bruit avait commencé au point le plus éloigné, de façon à pousser les éléphants vers l'enceinte; quand le troupeau eut passé, les autres traqueurs jusqu'alors silencieux firent leur partie dans le charivari. Plusieurs fois, les éléphants essayè-rent de forcer la ligne, mais ils furent toujours repoussés par les cris, les tambours, les déto-nations des pistolets.

« Enfin, le craquement des branches et des broussailles nous avertit de l'approche du trou-peau; son guide s'élança hors des jungles et arriva à une vingtaine de mètres de l'ouverture;

Fig. 15. — Éléphants capturés.

le reste de la bande le suivit. Un instant de plus, ils eussent franchi l'enceinte du corral, quand tout à coup, se jetant vers la droite, ils rentrèrent dans les broussailles. Le chef des traqueurs nous expliqua leur fuite par l'apparition subite d'un sanglier qui, en quittant sa bauge, avait passé dans les jambes du vieux mâle qui conduisait le troupeau. Il ajouta que, vu la surexcitation de ces animaux, les chasseurs demandaient à remettre au soir la fin de la battue afin de pouvoir s'aider des torches et du feu.

... « Nous n'eûmes pas à le regretter, car ce sursis nous procura un spectacle autrement pittoresque que le premier. Au coucher du soleil, les feux languissants se ravivèrent. Dans l'obscurité, les lueurs rouges qu'ils projetaient éclairaient les alentours des jeux de lumière les plus fantastiques. La fumée montait en tourbillonnant au milieu des arbres. Sur un roulement de tambour, la reprise des cris des traqueurs indiqua le commencement de la nouvelle poursuite. Des feuilles sèches étaient jetées sur les brasiers pour en activer la flamme; tous les alentours paraissaient s'embraser, sauf du côté du corral, où l'obscurité comme le silence restaient profonds.

« Enfin, les éléphants apparaissent; le guide de leur troupeau se présente à l'entrée de l'enceinte, hésite un instant, regarde autour de lui, puis, tête baissée se précipite dans le corral où la bande tout entière pénètre à sa suite. Presque instantanément, l'enceinte s'illumine, les traqueurs s'y sont lancés une torche à la main, qu'ils allument au feu près duquel ils passent.

« Les éléphants ont immédiatement gagné l'extrémité du corral; en apercevant l'obstacle qui se dresse devant eux, ils font volte-face, reviennent sur leurs pas et cherchent à regagner la porte. Ils la trouvent fermée par de solides madriers. Leur terreur est à son comble. Ils courent à pas rapides autour du corral, mais de toutes parts ils rencontrent des feux. Ils cherchent à renverser les pieux qui les enferment, mais ces pieux résistent, et de l'autre côté, des hommes les épouvantent en agitant leurs torches, en tirant des coups de pistolets. Ils se rassemblent en un groupe compact, restent un instant immobiles; puis, tout à coup, comme s'ils avaient découvert une issue, ils se précipitent tous ensemble. Repoussés de nouveau par les mêmes moyens, ils reviennent à la place du repos au milieu du corral. Les éléphants domestiques eux-mêmes semblaient s'intéresser à ce curieux spectacle.

« Pendant plus d'une heure, les éléphants parcoururent le corral et, sans se laisser rebuter par l'insuccès, ils ne se lassèrent pas de chercher à renverser la clôture. Chaque fois qu'une de leurs tentatives avortait, ils mugissaient avec rage. C'était principalement sur la porte qu'ils s'acharnaient; on eût dit qu'ils avaient

compris que ce n'était que par où ils étaient
entrés qu'ils pouvaient sortir; les traqueurs devaient redoubler de mouvement et de tapage
pour les écarter. A la fin cependant, leurs tentatives devinrent moins fréquentes. Seuls,
quelques animaux couraient isolés pour revenir bientôt rejoindre leurs compagnons. Enfin

Fig. 16. — Mise des entraves.

tout le troupeau, épuisé et découragé, se réunit en un grand groupe au centre duquel se trouvaient les jeunes, et resta ainsi, immobile, au milieu du corral.

« Les traqueurs avaient détourné trois troupes d'éléphants, mais une seule avait pénétré dans l'enceinte et, comme la porte s'en trouvait close, les deux bandes restées dehors se tenaient cachées dans les jungles. Pour empêcher qu'ils ne s'échappassent pendant la nuit, on renvoya les rabatteurs à leurs premiers postes afin d'y allumer de nouveaux feux. Ces mesures prises, nous regagnâmes, pour y passer la nuit, les cabanes qui nous avaient été ménagées. Notre premier sommeil fut sans cesse troublé par les bruits que faisaient nos gens en vue de repousser les tentatives des éléphants pour s'échapper. Au lever du jour, tout était tranquille dans le corral et quand le soleil parut, on laissa les feux s'éteindre. Les sentinelles relevées dormaient près de l'enceinte. Autour d'elle s'agitait une multitude d'hommes, d'enfants armés de piques, de longs bâtons. Au milieu, les captifs de la veille, épuisés, brisés de crainte et de stupeur, se tenaient tranquilles. Neuf seulement étaient prisonniers, dont trois très grands et deux petits âgés de quelques mois.

⁎
⁎ ⁎

« On s'occupa alors de faire entrer dans le corral les éléphants domestiques qui avaient la mission de consommer la capture des sauvages. On prépara des lacets; on dégagea, avec précaution, les poutres qui barraient l'ouverture, et deux éléphants privés entrèrent silencieusement. Chacun d'eux monté par son cornac et par un auxiliaire, était muni d'un fort collier auquel pendaient des cordes en peau d'antilope, dont chacune se terminait par un nœud coulant. En même temps, et masqué par leurs masses, se glissait dans le corral le chef des *preneurs d'éléphants*, qui avait revendiqué

l'honneur de s'emparer de la première bête.
C'était un petit vieillard de soixante-dix ans,
encore vif et très alerte, qui avait déjà reçu
deux agrafes d'argent en récompense de ses
services. Il était accompagné de son fils, aussi
célèbre que lui par son courage et son
adresse.

« On employa à cette chasse dix éléphants
domestiques. Deux appartenaient à un temple
voisin, quatre étaient la propriété de rajahs des
environs, et les autres provenaient des écuries
du gouvernement; c'étaient deux de ceux-ci
que l'on avait introduits dans le corral.

« L'un était très âgé; l'autre, nommé Siribeddi, avait environ cinquante ans, il était très
remarquable par sa douceur et par son intelligence. Il s'avance sans bruit dans le corral, et
avec une complète indifférence. Il marche pai-
siblement vers les animaux captifs, s'arrêtant
de temps en temps pour arracher un brin
d'herbe et cueillir quelques feuilles. Les prisonniers, qui l'ont vu se diriger vers eux, vien-

nent à sa rencontre, et le chef de la bande, après avoir caressé avec sa trompe la tête du visiteur, retourne à pas lents vers ses compagnons d'infortune.

Fig. 17. — Prise de possession : assujettissement des liens aux arbres.

Siribeddi le suit en réglant son allure sur la sienne, et se place à ses côtés de telle façon que le vieux preneur d'éléphants, se glissant entre les jambes du traître, parvient à attacher son lacet au pied de derrière de l'éléphant sauvage. Celui-ci s'aperçoit du danger, il secoue la corde et se tourne contre l'homme qui aurait chèrement payé son audace, si Siribeddi, en le couvrant de sa trompe, n'avait repoussé l'agresseur. Légèrement blessé, le vieux chasseur quitta le corral, et son fils Ranghanie continua sa tâche.

« Les éléphants s'étaient mis en cercle, les têtes au centre. Deux éléphants privés se glissèrent hardiment au milieu d'eux, et, entourèrent le plus grand des mâles l'un à droite, l'autre à gauche; il n'essaya pas de leur résister, mais il montra son mécontentement en levant continuellement ses pieds l'un après l'autre. Ranghanie s'avança tenant le nœud coulant ouvert entre ses deux mains; l'autre extrémité du lacet s'attachait au collier de Siribeddi.

Profitant d'un moment où l'éléphant soulevait l'un de ses pieds de derrière, il lui passa l'entrave, le serra et s'enfuit. Siribeddi tendit la corde de toute sa longueur, tandis que les deux éléphants privés se retiraient. Il réussit ainsi à séparer le captif de son troupeau et alors son camarade vint se placer entre lui et les prisonniers, de façon à s'opposer à toute agression de leur part.

*
* *

« Il s'agissait d'attacher l'éléphant ainsi pris à un arbre; mais il fallait d'abord l'entraîner à une vingtaine de mètres, ce qui ne se réalisa pas sans une énergique résistance de sa part. Il rugissait, foulant aux pieds les petits arbres; il les brisait comme des roseaux. Cependant Siribeddi, tirant toujours à lui, réussit à passer la corde autour d'un gros arbre, sans cesser de la maintenir tendue; mais il voulait encore enrouler cette corde autour du tronc et, pour y réussir, il fallait passer entre cet arbre et le prisonnier en maintenant celui-ci immobile, ce qui paraissait impossible. Le second éléphant domestique, se rendant un compte fort exact de la difficulté, lui prêta main forte; il repoussa l'éléphant sauvage en arrière, ce qui permit à Siribeddi de tirer sur la corde ainsi détendue et de lui faire faire plusieurs tours autour de l'arbre auquel le chasseur l'assujettit. Un second lacet fut placé autour de sa seconde jambe de derrière et enroulé par l'autre bout au même arbre.

« Les deux collaborateurs de Ranghanie l'aidèrent encore à entraver les deux pattes de devant qui furent attachées à un autre arbre. La prise de possession était terminée; tous les trois quittèrent leur capture pour en chercher une seconde. Tant que les deux éléphants privés étaient restés auprès de lui, le malheureux prisonnier s'était tenu immobile sans faire de résistance. Dès qu'il se vit abandonné, il essaya

de se dégager pour aller retrouver ses compagnons. Il chercha à défaire les nœuds avec
sa trompe; il tirait en arrière pour dégager

Fig. 18. — L'éléphant captif entre deux éléphants domestiques.

ses pieds de devant, en avant pour échapper
aux entraves de ceux de derrière; toutes les
branches de l'arbre en tremblaient. Il mugis-
sait, élevait sa trompe en l'air, couchait sa tête
à terre, pressait le sol comme s'il eût voulu

l'enfoncer. Il se levait, se redressait et battait
l'air de ses pieds de devant; ce manège dura
plusieurs heures. Enfin, rendu de fatigue, arrivé à un véritable état d'épuisement et perdant
tout espoir de recouvrer sa liberté, il resta
inerte, véritable image de la consternation et
du désespoir. Ranghanie, pendant ce temps,
s'était approché de l'estrade du gouverneur
pour recevoir la pluie de roupies qui est ac-
cordée à la capture du premier éléphant, puis
il retourna à sa tâche périlleuse. »

III

D'après Brehm, les habitants de l'île de
Ceylan s'emparent des éléphants d'une manière
beaucoup plus simple, infiniment plus aventu-
reuse et par conséquent plus curieuse. « Les
chasseurs d'éléphants, écrit-il, forment à Ceylan
une véritable caste; le métier s'y transmet du

père au fils. Leur habileté, leur prudence, leur ruse, leur hardiesse sont vraiment surprenantes. Associé à un compagnon, le chasseur se rend dans la forêt, et à eux deux ils enlèvent un éléphant au milieu de son troupeau. La chose paraît impossible et cependant elle se réalise. »

Les meilleurs chasseurs d'éléphants de Ceylan, les Panikis, habitent les villages musulmans du nord et du nord-ouest de l'île, et depuis plusieurs siècles ils y exercent leur dangereuse profession. Ils poursuivent leur proie avec une sorte d'instinct qui les guide, et c'est toujours à eux que recourent les Européens qui veulent chasser, c'est-à-dire tuer ces pachydermes. Les Panikis suivent la trace d'un éléphant comme un bon chien suit celle d'un cerf. Ils reconnaissent de suite quelle est la force du troupeau, quelle est la taille des plus grands et celle des plus petits animaux dont il se compose. Des signes qui échappent à l'attention d'un Européen, sont pour eux comme un livre dans lequel ils lisent couramment. Leur courage est à la hauteur de leur prudence; ils font de l'éléphant ce qu'ils veulent, ils l'irritent ou l'effrayent selon ce qu'exige leur tactique.

Leur arme unique est un lacet solide en peau de cerf ou en peau de buffle, qu'ils jettent au pied de l'éléphant choisi par eux. Comment réussissent-ils à se glisser inaperçus auprès d'un animal aussi méfiant et doué d'un odorat aussi subtil? C'est une énigme. Pendant que l'un engage le pied de l'éléphant dans le nœud coulant, l'autre fixe solidement l'extrémité de l'engin à un arbre. Ce qui nous paraît encore plus fort, c'est que, s'il n'existe pas à leur portée un tronc assez résistant, le premier des deux chasseurs, excitant l'éléphant, l'attire vers un bouquet d'arbres où le second pourra fixer son lacet. Captif, l'éléphant devient furieux, mais le chasseur a des moyens de le dompter en fort peu de temps.

IV

Revenons à l'Hindoustan. Là, comme si ce n'était pas assez de s'être associé à l'homme pour ravir la liberté à ses frères de la sauvagerie, l'éléphant domestique joue encore un rôle important dans l'éducation qui va façonner le prisonnier à l'esclavage.

Il y est puissamment aidé par le formidable appétit, panaché de gourmandise, — les éléphants sont aussi friands d'aliments sucrés que de simples babys, — du nouveau captif. En sa qualité de ventru, le pachyderme est à la merci des sollicitations de son énorme panse. Nous n'avons pas le droit de le lui reprocher, puisque nous-mêmes, c'est toujours par nos passions (une forme variée des appétits), que nous nous laissons conduire. Tennent va encore nous apprendre comment on réussit à les dompter.

« Lorsque tous les éléphants furent attachés, dit-il en poursuivant son récit, on entendit à quelque distance le son d'une flûte, et cette musique agit sur quelques-uns des captifs d'une façon singulière. Ces animaux élevèrent leurs oreilles dans la direction d'où venaient ces sons plaintifs qui semblaient les apaiser; les jeunes seuls continuaient de mugir après leur liberté perdue, lançaient autour d'eux des nuages de poussière et saisissaient tout ce qui se trouvait à leur portée. »

Si d'un côté la prudence, le calme, l'intelligence des éléphants domestiques sont de nature à nous surprendre, il n'y a pas moins lieu d'admirer la dignité avec laquelle les prisonniers supportaient leur réduction à l'esclavage. Elle dément complètement les récits de certains chasseurs, qui les dépeignent comme des êtres sournois, méchants et vindicatifs. Certainement, dans leur lutte contre leurs ennemis, ces animaux avaient fait usage de leur force comme de leur intelligence, afin de leur échapper et de se défendre. Mais dans le corral, leur résignation était surtout empreinte d'innocence et de timidité. Tant qu'il leur avait été possible de résister, ils n'avaient point manifesté la moindre disposition à des actes de vengeance; lorsque tout espoir d'échapper fut pour eux perdu, ils s'abandonnèrent tristement à leur sort. Leur posture implorait la pitié, leur douleur était touchante; leurs plaintes allaient au cœur. Personne n'aurait pu supporter qu'on les maltraitât ou qu'on les tourmentât inutilement.

Il s'agissait maintenant de desserrer les cordes et de conduire les prisonniers à la rivière. Chacun d'eux, ayant au cou un collier fait en fibres de noix de coco, fut placé entre deux éléphants domestiques portant aussi de fort colliers. Pendant l'opération, un des éléphants domestiques écartait avec sa trompe, du bras de son cornac, la trompe du captif qui ne se laissait pas attacher sans résistance. Le dernier fut dégagé des lacets qui lui retenaient les pieds, et conduit entre ses deux gardes-chiourmes à la rivière où il se baigna. Ramené ensuite dans le corral, il fut attaché à un arbre et livré à un gardien chargé de le nourrir.

V

Au bout de trois jours de jeûne, l'éléphant commence à bien manger. On lui donne alors pour compagnon un éléphant domestique : deux hommes se tiennent auprès de lui, caressant son dos et lui parlant avec douceur; mais il est loin d'être réduit; sa fureur du début se prolonge pendant quelque temps, il manœuvre sa trompe avec rage et il essaie d'atteindre ceux qui le soignent; mais ses gardiens attentifs reçoivent les coups qu'il leur porte sur la pointe de leurs piques; les blessures se multiplient sur cet organe si délicat, et l'éléphant, étant extrêmement sensible aux plaies qui lui sont faites, finit par renoncer à s'en faire une arme défensive. Cette première leçon, en lui fournissant la mesure de la puissance de l'homme, est ordinairement très efficace. Les éléphants domestiques aident encore à parfaire son éducation.

En trois semaines, l'élève est amené à se coucher dans l'eau, dès qu'il voit le bout de la pique avec lequel il était frappé à ses débuts. Au bout de deux ou trois mois, la présence des

Fig. 19. — Première phase du dressage.

éléphants domestiques devient inutile et le cornac peut monter sur le ci-devant sauvage. Après une égale période, il est en état d'être mis au travail. Il ne faut cependant pas le faire travailler trop tôt, ajoute Tennent; il est souvent arrivé qu'un éléphant de valeur, chargé pour la première fois, s'est couché pour ne plus se relever, « mort le cœur brisé, » comme disent les indigènes.

La taille n'a qu'une médiocre influence sur la durée de l'éducation, mais les mâles sont beaucoup plus difficiles à dresser que les femelles. Ceux qui ont le plus vivement résisté au début sont quelquefois ceux que l'on dompte le plus aisément. Il faut plus de temps pour assouplir ceux qui paraissent maussades et sournois, et il est prudent de conserver quelque méfiance à leur égard. Il ne faut jamais d'ailleurs attendre de l'éléphant une soumission inaltérable; les plus doux restent sujets à des accès de colère et peuvent se montrer vindicatifs après plusieurs années d'obéissance.

Nous avons vu que les éléphants étaient capturés au moyen d'une courroie formant nœud coulant qu'on leur passe au pied. Quelles que soient les précautions que l'on ait prises pour en assouplir le cuir, elle leur occasionne souvent des blessures fort lentes à guérir. La suppuration des plaies qui en résultent persiste pendant longtemps, et ce n'est souvent qu'après plusieurs années que les parties qui ont été blessées perdent leur extrême sensibilité.

Le dressage des éléphants isolés, capturés par les naturels de Ceylan, se pratique à peu près de la même manière que dans les Indes. On commence par terrifier l'animal avec du feu et de la fumée; on le prive de nourriture et de boisson, on l'épuise de toutes les façons. Lorsqu'on le voit à bout de forces, le chasseur renverse complètement sa tactique : il le traite avec la plus grande douceur, lui donne à manger les aliments dont il est avide, tels que les cannes à sucre, le conduit aux bains, etc. Ordinairement, deux mois après cette seconde phase de son éducation, l'animal le plus terrible se plie docilement à toutes les volontés de son cornac.

Ce cornac ou mahoud entretient cette obéissance par les soins constants qu'il donne à l'éléphant qui lui est confié. Jamais il ne le laisse sans protection, jamais il ne lui retranche une portion de sa nourriture. La tente sous laquelle cet homme vit avec sa femme et ses enfants, est toujours placée près de son éléphant, en sorte que l'animal est pour ainsi dire de la famille. Lorsque le mahoud fait cuire un gâteau sur son assiette de fer, l'intelligente bête se tient près de lui, attendant patiemment que ce gâteau soit tiède, et alors il reçoit sa part de la main du maître. Les jours de fête ou de cérémonie, les mahouds prennent grande peine à lui peindre la tête et la trompe de toutes sortes d'arabesques en blanc, en rouge, en jaune et en bleu.

Van Orlich va nous donner des renseignements sur la manière dont on harnache l'éléphant, lorsqu'il est dressé. On place d'abord

Fig. 20. — Les naturels de l'île de Ceylan terrifient l'éléphant captif
à l'aide du feu et de la fumée.

sur son dos un coussin rembourré de crin; le

dos est la partie la plus délicate du corps de l'animal et il faut apporter tous ses soins à le garantir de toute meurtrissure, car les blessures y guérissent difficilement. On jette sur ce coussin une longue draperie rouge brodée d'or, et sur cette couverture on fixe, à l'aide de cordes et de sangles, le *houdah,* sorte de tribune garnie de sièges où peuvent prendre place ordinairement deux et jusqu'à quatre personnes.

Le mahoud se place à califourchon sur le cou de la bête, derrière les oreilles. Il la dirige avec une sorte de fourche en fer, dont une des branches est recourbée. Il est ordinairement accompagné d'un autre homme armé d'un grand bâton, qui galope autour de l'animal et accélère sa marche par ses cris. Une échelle de corde qui pend du houdah complète l'équipement, qui ne varie que par sa richesse.

Lorsque le moment de monter sur l'éléphant est venu, le mahoud crie : *Beit, beit,* ce qui veut dire : Baisse-toi! Alors l'animal s'agenouille, on grimpe aux échelons et le ou les voyageurs s'installent dans le houdah. Les mouvements de cette énorme monture sont quelquefois assez doux, quelquefois aussi singulièrement fatigants. Le pas de l'éléphant, quand on le presse, est si rapide, qu'un cheval est forcé de prendre le trot pour se maintenir à ses côtés, mais sa marche ne tarde guère à se ralentir, et il a de la peine à faire plus de vingt-quatre milles par jour.

VI

Dans l'Inde, comme nous venons de le voir, on chasse les éléphants, surtout pour les prendre vivants et les utiliser ; cependant, et notamment dans les possessions anglaises, il se rencontre très souvent des chasseurs qui les poursuivent pour les détruire, sans avoir, comme les Africains, l'excuse de se nourrir de leur chair et de s'enrichir de leurs dépouilles.

Cette chair, dit Brehm, est tellement coriace, qu'il faut une mâchoire de nègre pour la triturer. Du Chaillu affirme qu'une cuisson de douze heures ne suffit pas à la ramollir. Tennent dit qu'elle donne un excellent bouillon et que la langue est assez délicate. Corse et d'autres après lui ont vanté la trompe et les pieds rôtis dans la cendre chaude, comme un mets exquis; mais généralement ces parties répugnent aux Européens.

La chasse est une passion impérieuse qui se suffit absolument à elle-même et n'a besoin d'aucun adjuvant. La nécessité d'assurer leur domination comme leur vie par la mort des autres êtres, qui dut être la grande préoccupation des premiers humains, fut si puissante, qu'elle s'est perpétuée dans notre race jusqu'à la civilisation si raffinée qui est la nôtre, en étouffant tout germe de sensibilité dans le cœur du chasseur. Les mœurs pacifiques et débonnaires des éléphants ne pouvaient pas leur faire trouver grâce. N'étaient-ils pas de tous les gibiers le plus colossal, celui dont la conquête devait être le plus légitime sujet d'orgueil? Cela ne suffisait-il pas à primer toute autre considération? Et cependant sa mort ne laissa pas que d'inspirer quelquefois un mouvement de pitié à son bourreau; écoutons Gordon Cumming :

« Le 31 août, dit-il, je vis le plus grand, le plus bel éléphant que j'eusse jamais aperçu. Il était environ à cent cinquante pas de moi et

Fig. 21. — Éléphant aidant son compagnon à sortir d'un fossé.

me présentait le flanc. Je pris bien mon temps
et je le visai à l'épaule. Du premier coup il fut
en mon pouvoir. La balle l'avait frappé à l'omoplate et ses mouvements s'étaient trouvés immédiatement paralysés. Je résolus de l'observer
quelque temps avant de l'achever, car j'avais
devant moi un beau spectacle. Je me sentais le
maître dans ces immenses forêts qui me promet-
taient en abondance ce noble gibier. Après avoir
admiré quelque temps ma victime, je résolus
de faire quelques expériences pour connaître
les points les plus vulnérables de l'animal. Je
m'avançai donc à courte distance. A chaque
coup, il baissait la tête et touchait doucement sa
blessure avec sa trompe. J'étais stupéfait; je fus
pris de pitié, lorsque je vis l'animal supporter
si dignement son malheur; je me hâtai de l'a-
chever. Je lui tirai six coups de carabine derrière l'épaule. Chaque coup qui devait être
mortel, ne parut pas dans le principe produire
grand effet. Je lui envoyai ensuite au même endroit trois coups d'une pièce hollandaise de six

livres. Des larmes abondantes coulèrent de ses yeux; il ouvrit lentement ses paupières et les referma; quelques convulsions agitèrent son corps, il se pencha sur le côté et mourut. »

Je ne sais l'effet que produira sur nos lecteurs ce dilettantisme dans l'assassinat d'une bête qui ne se défend pas, mais, pour mon compte, je confesse qu'il me cause une assez vive répugnance. J'ajouterai, pour vous réconforter quelque peu, si par hasard vous partagiez ce sentiment, qu'il existe souvent une différence assez sensible entre les faits réels et la narration écrite du chasseur. Cet éléphant, par exemple, il faut trois lingots de six livres, une demi-douzaine de balles de carabine, toutes en bonne place pour l'achever, sans compter les coups intermédiaires envoyés un peu partout comme essai, et il a suffi d'une seule balle tirée à cent cinquante mètres et reçue dans l'omoplate pour le paralyser. Voilà qui nous paraît vraiment extraordinaire. Même avec trois pattes, des animaux sauvages doués de moins de puissance, de moins

de vitalité que l'éléphant, essayent de se sauvegarder au moins par la fuite et ne témoignent
jamais d'une résignation aussi fantastique.

Gordon Cumming raconte, il est vrai, un peu
plus loin, qu'une autre fois il lui fallut trente-
cinq balles pour venir à bout d'un éléphant
mâle; cependant les chasseurs ordinaires d'éléphant, en Afrique, sont loin de se livrer à une
dépense aussi exagérée de munitions. Quand
les indigènes qui les accompagnent ont relevé
des traces d'éléphants, ils s'en approchent le plus
près possible et, visant immédiatement derrière
l'oreille, ils logent une balle dans le crâne du
pachyderme. Il a si rarement besoin d'une seconde balle, que les cas de coup double sur ces
animaux ne sont pas sans exemple.

Les princes et les grands seigneurs de l'Hindoustan, ainsi que les officiers anglais qui les
ont subjugués, s'offrent quelquefois également
le luxe de l'une de ces tueries, sans profit comme
sans danger. Ces chasses reproduisent fort
exactement ces massacres de grands fauves et

de bêtes noires que l'ancienne vénerie appelait des « houraillers » et que la Couronne offrait à ses hôtes royaux et princiers. Perchés sur des estrades assez élevées pour être à l'abri d'un retour offensif du gibier, les tireurs fusillent au passage les éléphants que l'on rabat sur un corral.

« La chasse de l'éléphant, dit Brehm, est moins dangereuse que l'imagination ne la représente, même pour le chasseur isolé. Il est vrai qu'un éléphant isolé peut se précipiter sur son ennemi et le tuer en le foulant aux pieds ; mais les trois quarts des chasseurs qui se trouvèrent exposés à ce péril réussirent encore à lui échapper. La timidité de l'éléphant l'emporte bientôt sur sa colère, et le cas qu'on a cité d'un « rogue » qui poursuivit un Indien jusque dans la ville, l'atteignit dans le bazar et l'écrasa sous ses pieds, est une exception. »

VII

Ces « rogues » sont les seuls éléphants vraiment redoutables pour les Hindous et pour leurs plantations; dans la province de Bombay, deux de ces animaux avaient jeté un tel effroi dans les villages, qu'il fallut employer de l'artillerie pour les détruire. Voici comment le capitaine Roughsedge rendit compte de son expédition dans la *Gazette de Bombay* :

« Le 24 septembre, à minuit, je reçus avis que deux éléphants, d'une taille peu commune, ravageaient les alentours des villages. Je ne perdis pas de temps et j'envoyai sur le théâtre des faits tout le personnel avec tous les éléphants privés qui se trouvaient dans les environs. Le 25 au matin, j'appris que leur taille vraiment supérieure et leur apparente férocité avaient rendu inutiles tous les efforts qui avaient été faits pour s'emparer d'eux. Ils s'étaient retirés dans une grande plantation de cannes à sucre. Je dirigeai des pièces d'artillerie vers cet endroit; mais, désirant avant tout épuiser tous les moyens de prendre les éléphants vivants, je réunis les habitants du voisinage, et avec l'aide du rajah Rungnalh-Sing, je fis creuser deux fosses très profondes au bord du champ de cannes à sucre. Lorsqu'elles furent prêtes, nous nous rendîmes sur les lieux et nous poussâmes les deux rogues vers le piège. Malheureusement, l'une des deux fosses n'était point assez profonde : l'un de ces animaux s'échappa. Non content d'assurer sa délivrance, il aida son compagnon, avec sa trompe, à sortir de l'autre fosse.

« Les deux éléphants furent alors repoussés dans la plantation et, décidé à faire une nouvelle tentative pour m'en emparer, je fis creuser deux nouvelles fosses, que j'utiliserais le lendemain.

« Mais, vers quatre heures du matin, les deux éléphants s'élancèrent à travers mes gardes, les mirent en déroute et, après avoir franchi environ trois milles, ils entrèrent avec une telle rapidité dans le village que les cavaliers qui galopaient à leur tête n'eurent pas le temps d'avertir les habitants du danger qu'ils allaient courir. Un pauvre homme fut mis en pièces, — membre par membre, — un enfant écrasé et deux femmes blessées. La destruction de ces terribles animaux devenait nécessaire, et, comme ils ne semblaient pas disposés à quitter le village où ils avaient commis leurs méfaits, nous fîmes venir les quatre pièces d'artillerie.

« Ils reçurent bientôt l'un et l'autre plusieurs boulets et une grande quantité de mitraille. Le plus grand des animaux tomba frappé d'un boulet dans la tête. Après être resté un quart d'heure à terre, en apparence privé de vie, il se leva aussi vigoureux que jamais. Le désespoir des deux éléphants, en ce moment, défie toute description. Ils firent à plusieurs reprises des charges contre nos canons et, sans le sang-froid des canonniers les repoussant par des décharges en pleine tête, nous eussions eu de grands malheurs. Les deux éléphants se décidèrent à quitter le village, avant que nous eussions reçu de nouveaux projectiles.

« Quoique le sang coulât pour ainsi dire à ruisseaux de leurs blessures, ils se dirigèrent vers Hazarecbagh avec une vitesse dont on ne peut se faire une idée. Ils furent alors chargés par nos cavaliers et nos éléphants. Enfin, après plusieurs attaques formidables de ces animaux

Fig. 22. — Charges contre l'artillerie.

contre nos pièces d'artillerie remises en batterie,
ils nous abandonnèrent une vie qu'ils avaient si
vaillamment marchandée. »

VIII

Nous trouvons dans le voyage à Ceylan du
major Forbes le récit d'une autre rencontre
avec des éléphants, qui ne se termina point
par la victoire des assaillants et qui peut donner une idée des dangers auxquels s'exposent
les chasseurs.

« Ces animaux, dit-il, arrivaient sur nous
d'un pas lourd et avec un grand tumulte; autant qu'on en pouvait juger par le bruit de
leur marche, ils s'arrêtèrent à une vingtaine de
yards de distance. Ils n'en étaient pas moins
pour nous invisibles; j'eus beau braquer ma
vue sur l'endroit où je les savais cachés, je ne
parvins pas à en apercevoir un seul. L'anxiété

et l'excitation donnaient en ce moment à mes sens une acuité particulière; non seulement j'entendais les pulsations de mon pouls, qui battait avec une violence inaccoutumée, mais encore le tic-tac de ma montre résonnait à mes oreilles, comme si une horloge de village eût été logée dans ma poche.

« Les éclaireurs, pendant ce temps-là, s'étaient avancés; les cris des hommes, les roulements du tam-tam frappaient l'air. La jungle située en face de nous sembla se soulever. Deux secondes ne s'étaient pas écoulées, sans que les deux guides du troupeau se montrassent. Ils venaient droit sur nous. Je fis feu sur celui qui me faisait face, à une dizaine de pas de distance; il s'arrêta et se préparait à se retourner, lorsque je déchargeai mon arme pour la seconde fois. Mon voisin, M. S..., avait également fait feu deux fois sur l'autre guide et avec aussi peu de succès. Alors tout le troupeau fit volte-face et prit au galop le chemin des montagnes.

« Nous rechargeâmes nos armes; deux amis se trouvaient à quelque distance, sur une élévation de terrain, et une double détonation nous indiqua la direction que les fuyards avaient prise. A ce bruit, un de ceux-ci avait fait une seconde fois volte-face; nous l'entendîmes se frayer une route et s'arrêter dans un massif de bambous. Nous poussâmes en avant, mais un naturel accourut et nous dit en mauvais anglais : « Un gentleman se trouve mal. » La chaleur suffocante qui régnait dans la jungle nous fit naturellement supposer qu'un de nos chasseurs s'était trouvé indisposé par la chaleur. Nous nous disposions à continuer notre chasse, malgré les mouvements de tête de l'indigène et les mots pour nous inintelligibles dont il les accompagnait, le pauvre diable ayant épuisé sa provision d'anglais.

« A ce moment les éléphants qui se trouvaient près de nous ayant cessé de s'agiter, il en résulta un silence, et nous entendîmes le colonel L... qui nous appelait en nous annonçant que M. H... avait été saisi par un éléphant. A cette nouvelle, nous nous rendîmes en toute hâte sur le théâtre de l'accident et nous trou-

Fig. 23. — Dans la jungle.

vâmes H... parfaitement remis, mais portant des marques évidentes d'une rencontre avec l'ennemi. Un de ses bras et un des muscles de son cou étaient excoriés; mais ce qui nous effraya le plus, c'est que, ayant été roulé par terre, nous avions lieu de redouter pour lui des lésions internes des plus graves.

« Le colonel L... et H... avaient tiré l'un et l'autre sur les éléphants qui s'avançaient sur eux. Après cette double décharge, l'animal sur lequel H... avait fait feu se précipita bravement sur lui. H... se retourna pour prendre des mains d'un indigène un autre fusil chargé mais le naturel avait pris la fuite. Désarmé, le chasseur chercha à s'échapper; il était trop tard. L'animal s'avança, s'agenouilla et avec sa tête essaya d'écraser l'homme contre terre. C'est alors que H... fut renversé et roulé dans la poussière.

« Parfaitement ignorant de la situation de son ami, le colonel L..., voyant l'éléphant abaisser la face contre terre, le crut blessé et vint pour lui donner le dernier coup. Apercevant ce nouvel ennemi si près de lui, l'éléphant se leva et se précipita dans la jungle. Ce fut alors qu'à son grand étonnement, le colonel vit H... se relever de l'endroit que l'animal venait de quitter. Si le colonel avait tardé seulement de quelques secondes, notre ami aurait probablement été sacrifié; si même il avait fait feu et qu'il eût tué l'éléphant, cette masse en tombant aurait certainement écrasé H…, qui n'avait eu, comme on voit, qu'une seule chance de salut. Les Indiens préparèrent une litière et nous transportâmes à Hangwellé notre pauvre ami, qui finit par guérir de ses blessures. »

Les progrès considérables qui se sont réalisés dans l'industrie des armes à feu a singulièrement atténué ces périls. Les drames palpitants qui se déroulaient tantôt dans les déserts des vieux continents, tantôt dans les solitudes des mers du pôle, ont pris, avec les nouveaux engins, un caractère de banalité qui diminue leur grandeur. Une équipe de baleiniers n'a plus besoin de risquer sa vie pour amarrer Léviathan aux flancs du navire et s'emparer de ses dépouilles; le gigantesque probosci-

dien peut être roulé comme un simple lièvre
et sans plus de danger; une balle explosible
y suffit. Ses éclats, lorsqu'elle se brise soit
dans l'intérieur du corps de l'animal, soit dans
ses muscles, produisent des plaies auxquelles
aucun organisme ne saurait survivre et les gaz
qui s'en dégagent provoquent une rapide as-
phyxie. Le temps des aventures légendaires est
passé. La poésie a dans la science une ennemie
mortelle. Cependant nous applaudirions à des
découvertes qui ménageraient des vies humaines, si, en raison de la cupidité des uns,
de l'âpre passion de destruction qui enfièvre
les autres, ces découvertes ne devaient pas
avoir pour résultat définitif de faire le vide
dans la nature. Nombre d'espèces, déjà bien
raréfiées, finiront par disparaître, et ce ne sera
pas seulement celles des bêtes féroces, mais
d'animaux créés pour nous aider dans notre
œuvre. Dieu veuille que, restés seuls, les
hommes ne continuent pas de s'entre-dévorer.

CHAPITRE VI

L'éléphant de chasse. — Son dressage. —
Son emploi. — Les défenses du tigre.

En dehors des services variés que l'éléphant
rend aux Hindous, comme bête de somme et de
transport, il est incontestable qu'il représente
leur indispensable auxiliaire pour diminuer le
nombre des tigres qui infestent l'Extrême-Orient
et s'y élèvent quelquefois aux proportions d'une
calamité publique. Si jamais on parvient à
expurger ces régions de cette redoutable bête
féroce, ce ne sera qu'avec le concours des pachydermes, et ce titre doit suffire pour qu'on
en épargne la race.

Certainement, il se rencontre des Européens
et même des Hindous hardis et aventureux pour

aborder le fusil au poing, et à pied, le plus
féroce et le plus redoutable des félins, et risquer une lutte corps à corps dont le dénoue-
ment est inévitablement fatal au chasseur.
Dans ces dernières années, le prince Henri
d'Orléans, le courageux compagnon de Bonva-
lot dans sa magnifique exploration du Thibet,
l'a tentée avec succès. Mais ces faits sont assez
rares et les résultats toujours médiocres, si on
les compare avec ceux que donnent les battues
organisées avec des éléphants pour monture.
Il suffit de lire l'intéressant volume que le prince
Henri d'Orléans a consacré à ses chasses dans
l'Inde pour en avoir la preuve.

Nous avons vu que, dans la vie sauvage, le
tigre n'attaquait presque jamais l'éléphant,
mais les instincts de celui-ci sont trop dévelop-
pés pour se méprendre sur le mobile qui ins-
pire cette réserve au grand massacreur de gazelles, il sait qu'elle relève uniquement de la
prudence, et il le tient pour un ennemi. Il s'as-
socie donc de très bonne grâce à la guerre que

l'homme lui déclare; lorsqu'il l'a pratiquée plusieurs fois, lorsqu'il a vaincu sa timidité naturelle, il ne cherche plus à se dérober à la rencontre; après plusieurs victoires, de vieux éléphants prennent franchement part à la lutte.

L'équipement de la monture se compose du houdah que nous avons décrit. Le chasseur y prend place, avec soit un compagnon, soit un serviteur qui aura à lui présenter ses fusils; il dispose de deux armes d'un fort calibre tout au moins. Le mahoud se tient à son poste ordinaire et, lorsqu'un tigre blessé se décide à charger à son tour, c'est certainement lui qui se trouve le plus exposé.

Les mois d'avril et de mai sont les plus favorables à cette chasse; à cette époque de l'année le tigre, cherchant sa nourriture avec plus d'âpreté, ne craint pas de s'approcher des villages pour essayer d'enlever quelque pièce de bétail. Comme, après chaque carnage, il se recèle dans les jungles voisines, c'est dans ces abris qu'il faut aller les quêter. Se composant d'arbustes, de lianes enchevêtrées, d'épaisses broussailles, de roseaux de 4 à 5 mètres de hauteur, l'éléphant seul est en mesure de percer à travers cette végétation déréglée qui pousse souvent sur un terrain marécageux dont il faut la puissance du pachyderme pour se tirer.

On choisit de préférence les animaux déjà familiarisés avec cette chasse; selon le nombre dont on dispose, on les fait marcher en ligne à distance d'une demi-portée de fusil les uns des autres; on les fait appuyer par une autre ligne d'indigènes à pied qui avancent derrière les éléphants; ces hommes, par leurs cris, par le bruit des instruments dont ils sont porteurs, doivent décider la bête féroce à quitter l'abri où elle sommeille.

La battue, ainsi organisée, se met en marche, en conservant le mieux possible son alignement, de façon que le tigre mis sur pied n'essaye pas de forcer la ligne de traque. Il est quelquefois assez difficile de le décider à déloger. Généralement c'est l'éléphant qui signale le premier la présence du félin dans la jungle en élevant sa trompe perpendiculairement et en jetant un cri aigu. La subtilité de son odorat le lui révèle longtemps avant que l'animal ait été vu par corps ; mis debout, il est assez rare que le tigre songe de suite à la résistance, il s'enfuit, ou plutôt il essaye de se dérober en se glissant sans bruit à travers les méandres du massif. S'il est aperçu, un cri le signale. Les officiers anglais disent : *Tallyho,* variante de notre *taïaut,* et les in-

Fig. 24. — Tigre à l'affût.

digènes : *Whu, whu;* alors les traqueurs re-

doublent leur charivari. Bientôt un coup de
feu se fait entendre; manqué, le tigre continue
sa retraite; blessé, il fait entendre un rugissement terrible, ouvre sa mâchoire formidable-
ment armée et presque toujours devient as-
saillant.

La vie du chasseur, ou du moins l'intégrité
de ses membres, est alors à la merci de sa monture. Si l'éléphant tourne, faisant volte-face,
le dos à son adversaire, d'un bond le félin s'é-
lance sur sa croupe, s'y cramponne avec ses
puissantes griffes, et il est bien difficile au
chasseur de lui envoyer une seconde balle. Si,
au contraire, il attend l'ennemi de pied ferme,
en se défendant lui-même avec sa trompe,
dans le cas même où le félin se serait pré-
cipité sur l'éléphant, le tireur pourra faire
usage de son arme. Lorsque, après un combat de ce genre, le félin a fini par rouler
foudroyé, la joie de l'éléphant est manifeste;
on en a vu donner le coup de grâce à l'ennemi, lorsque celui-ci se débattait dans les

convulsions de l'agonie, en l'écrasant sous son pied.

Voici du reste quelques récits de ces chasses, qui en donneront une idée plus fidèle que nos descriptions.

« Un jour, dit le capitaine Mundy dans ses *Esquisses de l'Inde,* à quatre heures de l'après-midi, nous partîmes au nombre de douze, emmenant avec nous, outre nos montures, une trentaine d'éléphants pour la battue. Nous avions fait quatre cents pas environ, et nous étions engagés dans le marais, lorsque nos oreilles furent réjouies du *tallyho* tant désiré. Un coup de feu du colonel R... fut suivi d'un effroyable rugissement, et un tigre s'élança contre nous. Alors survint la scène la plus ridicule et la plus maussade qu'on puisse imaginer. Vingt-neuf éléphants prirent la fuite en désordre ; celui de lord Combernère resta seul immobile comme un roc. Le tigre, après avoir déchiré le pied de derrière à l'un des fuyards, revint furieux vers lord Combernère. Dans cet instant, une balle lui traversa les reins, il perdit courage et recula dans les roseaux. Mon éléphant fut un des premiers à revenir sur le champ de bataille; je me plaçai près du brave animal que montait lord Combernère : nous tirâmes ensemble plusieurs volées sur le tigre, qui recommença l'attaque et nous fit face valeureusement jusqu'à ce que, perdant son sang par vingt blessures, il tombât mort. On le hissa sur le dos d'un éléphant et on reforma la ligne.

« Après une nouvelle battue d'une demi-heure, j'entrevis l'herbe se mouvoir légèrement à deux cents pas devant moi et je criai le *tallyho*. Cette fois, deux tigres levèrent la tête et, sans montrer ni colère, ni frayeur, prirent tranquillement la fuite devant nous. On leur envoya quelques balles; le plus fort des tigres fut probablement atteint, car il se retourna en rugissant, agita sa queue et se jeta au-devant de nous, en bondissant d'une manière terrible. Tout à coup il s'arrêta comme effrayé de notre nombre et s'enfuit; nous le poursuivîmes de

Fig. 25. — Chasse au tigre.

toute notre vitesse. Heureux en ce moment ceux dont les éléphants étaient le plus agiles. C'était réellement une course magnifique : le tigre attaquait et fuyait tour à tour; au moment où il menaçait en désespéré l'éléphant du capitaine Z..., il eut la mâchoire fracassée; il se recula pour s'élancer de nouveau, fit quelques efforts, mais ses genoux fléchirent et on descendit l'achever. C'était un tigre parvenu à toute sa croissance.

« Un des chasseurs n'avait pas perdu de vue l'autre tigre, et il nous conduisit vers l'endroit où il s'était réfugié. D'abord la recherche fut vaine : on s'enfonçait dans la vase et, le jour baissant, quelques-uns ouvraient l'avis de clore la chasse et de nous retirer, quand nous vîmes l'éléphant de lord D... se rejeter en arrière avec un cri plaintif. Le tigre était suspendu à sa queue près de l'échine et le déchirait cruellement. La position de lord D... était difficile : le mahoud effrayé s'était couvert du houdah et laissait pendre ses pieds à 5o centimètres

du tigre; en faisant feu, on risquait de le tuer.
Pourtant, il fallait prendre un parti, car l'éléphant tournait et se balançait avec des cris
affreux. Nous vînmes à l'aide de lord D... Plus
de huit balles entrèrent dans le corps du tigre
avant qu'il se décidât à lâcher prise. Sa mort
suivit sa chute de près. La chasse était heureuse : nous avions tué trois tigres en moins de
trois heures. »

*
* *

Voici un autre épisode, encore plus drama-
tique, raconté par Rice, un chasseur passionné
qui, ayant amené aux Indes une meute de chiens
et dressé des piqueurs à la chasse du tigre, en
tua, dit-il, soixante-huit en quatre ans :

« Dans une de ces battues, un ami de Rice,
l'enseigne Elliot, vit la mort de bien près. Sou-
tenus par quarante piqueurs et traqueurs, les
deux Anglais étaient montés dans des arbres,
tandis que leurs gens traquaient un fourré,

lorsqu'un grand tigre s'avança lentement de leur côté. Ils ne bougèrent pas, mais un de leurs compagnons leur ayant crié de se tenir sur leurs gardes, cela suffit pour dé-tourner le ti-gre de la direc-tion qu'il avait prise, et les An-glais eurent à peine le temps

Fig. 26. — Rencontre.

de lui envoyer une balle. Ses

hurlements annoncèrent qu'il était blessé, mais il était déjà trop enfoncé dans l'épaisseur de la jungle pour qu'on pût le tirer avec quelque chance. Les chasseurs le suivirent au sang avec plus d'ardeur que de prudence, jusqu'à une grande clairière où toute trace disparut. Rice et son ami, cherchant toujours, s'étaient éloignés d'une vingtaine de pas de leurs hommes, lorsque tout à coup un effroyable rugissement se fit entendre : le tigre, sortant d'un trou caché sous l'herbe se précipitait sur Rice. Celui-ci le tira de ses deux coups à trois pas; alors la bête furieuse s'élança d'un bond prodigieux sur le compagnon du chasseur, et lorsque Rice se retourna, il vit son malheureux ami étendu aux pieds de l'animal; saisissant un second fusil que lui avait passé son piqueur, il tira, mais il manqua le tigre, et il lui fut impossible de redoubler, car la bête féroce venait de saisir l'enseigne par le bras et l'avait traîné dans le fourré d'où il s'était sorti. La première balle à envoyer devait nécessairement être logée dans la tête de l'animal, toute blessure qui n'eût pas été immédiatement mortelle n'aurait fait que surexciter sa rage. Aussi Rice, haletant, le suivait-il à

Fig. 27. — Épisode de chasse.

petite distance, guettant le moment favorable.

Après l'avoir visé plusieurs fois sans oser tirer, il pressa enfin la détente et eut la chance d'atteindre le tigre dans l'oreille; il roula expirant sur sa victime et Rice eut la joie

de délivrer son ami, que le poids écrasant de
la bête menaçait d'étouffer. Les blessures de
l'enseigne Elliot n'étaient heureusement pas
mortelles; il en fut quitte pour une affreuse
déchirure au bras. »

Depuis que les Anglais se sont établis dans
l'Hindoustan, ces chasses à l'aide d'éléphants,
que nous avons essayé de décrire, se sont considérablement multipliées; elles sont devenues
le passe-temps favori des officiers de l'armée des
Indes. Elles sont certainement loin d'avoir le
caractère grandiose des expéditions des anciens
Irinas orientaux; on ne voit plus un nabab
d'Aoudh rassembler une armée de fantassins,
mille éléphants, des files sans fin de chevaux,
de chameaux, de bêtes de somme, une escorte
de bayadères, de chanteurs, de bouffons, etc.,
etc., pour aboutir à la mort d'un tigre. Elles
sont, en revanche, infiniment plus pratiques;
elles amènent une destruction énorme de ces
redoutables félins, le fléau des campagnes orien-
tales.

Loin d'imiter ses devanciers, les radjahs, qui se réservaient ce gibier aussi féroce que royal et frappaient d'une peine celui de leurs sujets qui réussissait à en débarrasser son canton, le gouvernement des Indes accorde une prime de dix roupies pour chaque tête de tigre. Comme la persévérance est une des qualités essentielles de la race anglo-saxonne, il ne nous paraît pas douteux qu'elle n'arrive à une extermination complète de ce carnassier dans ses possessions.

CHAPITRE VII

L'éléphant-Dieu. — L'éléphant, monture royale.

PHYSIOLOGIE DE L'ÉLÉPHANT. — CONTROVERSES A PROPOS DU DEGRÉ DE SON INTELLIGENCE. — L'ÉLÉPHANT N'A JAMAIS ÉTÉ RÉELLEMENT DOMESTIQUÉ. — RÉALITÉS VRAISEMBLABLES.

Bien que sa taille, sa masse et sa force aient dû produire une profonde impression sur l'imagination des hommes primitifs, ni les peuples de l'Asie, ni ceux beaucoup plus barbares de l'Afrique, n'ont cherché leur Dieu dans l'animal colosse ; il n'a pas eu d'autels, il n'a pas eu d'adorateurs, même lorsque, couvert par l'ombre des forêts solitaires, son existence affectait une couleur mystérieuse prêtant à la déification. La mythologie hindoue lui a assigné un rôle actif dans les légendes religieuses de Brahma et de Boudha.

D'après **M.** de Milloué, dans ses *Religions de l'Inde, Ganeça,* qu'on appelle aussi *Ganapati* et *Tenyaka,* est représenté sous la forme d'un homme à gros ventre avec une tête d'éléphant. Il est fils de Siva et de Parvati; quelquefois de Parvati seule. C'est le dieu de la science; il a le pouvoir d'écarter les obstacles qui sont du domaine de l'intelligence.

Ganeça est toujours représenté avec une tête d'éléphant, garnie d'une seule défense. Cette unité reçoit diverses explications. Dans le nord de l'Hindoustan, on raconte que Ganeça aurait perdu une de ses dents dans sa lutte avec Paraçou-Rama auquel il voulait interdire l'entrée du palais où dormait Siva. Suivant la légende du sud, Ganeça se serait arraché lui-même une de ses dents, pour s'en servir en guise de stylet, afin d'écrire le *Mahâbhârata* sous la dictée de Brahma.

L'origine de la substitution de la tête d'éléphant à la ressemblance humaine, qui carac-

Fig. 28. — Ganeça à quatre bras, armé de la massue, de la hache, de l'anneau et de la boule, coiffé de la tiare, assis, la jambe gauche reposant sur un rat (*Musée Guimet*).

térise les dieux du Panthéon hindou, reçoit

également plusieurs versions. L'une veut que

Parvati, s'étant montrée trop orgueilleuse d'avoir engendré Ganeça, ait attiré sur lui la colère du dieu Çani qui le réduisit en cendres. Brahma le ressuscita, mais comme la tête manquait à son œuvre, il prit la première qui lui tomba sous la main, et ce fut une tête d'éléphant. Une autre légende raconte que ce serait Siva lui-même qui aurait tranché la tête de son fils Ganeça, parce que celui-ci refusait de le laisser pénétrer dans une salle où Parvati prenait un bain. Touché des larmes de son épouse, Siva repentant aurait voulu rendre la vie à ce fils trop jaloux de la pudeur de sa mère, mais cette fois encore le hasard auquel il s'en rapporta du soin de compléter le défunt Ganeça, lui joua le mauvais tour de lui mettre une tête d'éléphant sous la main.

On attribue encore cette décapitation à Kacyapa; les dieux qui tenaient à ressusciter le pauvre Ganeça lui donnèrent la tête de l'éléphant sur lequel est toujours représenté Indra. Comme cette monture est le plus souvent fi-

gurée avec trois têtes, la préférence qu'ils ac-
cordèrent à l'une d'elles pour servir de chef au

Fig. 29. — Ganeça (*Musée Guimet*).

dieu Ganeça s'explique, étant parfaitement
rationnelle.

Si l'éléphant blanc n'est pas plus adoré à
Siam que les autres éléphants par les Brahmes,
— non seulement, comme nous l'avons exposé,

il y est l'objet d'honneurs presque divins, mais il figure également dans la légende boudhique. Il ne serait pas étranger à la préférence qui attribua à Maya-Deri l'honneur de concevoir le Boudha qui donnera la gloire au monde. La confiance dans la toute-puissante intervention de cette variété d'albinos est quelque peu altérée dans les classes supérieures de la population, mais elle s'est fidèlement conservée parmi le peuple, et la barbarie avec laquelle, en 1881, le roi fit massacrer un grand nombre de pauvres diables, accusés d'avoir laissé mourir un éléphant blanc par leur négligence, ne souleva pas la moindre émotion populaire.

*
* *

Dans cet étrange royaume de Siam, dont le souverain se fait garder par un régiment d'amazones, moins féroces peut-être que celles de son ex-collègue du Dahomey, mais également armées de pied en cap, le rôle domestique des éléphants est resté très important, tandis qu'il s'est quelque peu amoindri dans l'Hindoustan. Le père Larnaudi a raconté au comte de Beauvoir que, lorsque le roi voyage dans l'intérieur, tous les chefs qui viennent le rejoindre sont accompagnés d'un escadron d'éléphants et qu'il en avait vu jusqu'à sept cents réunis et marchant en bon ordre. Il y a eu, lui a-t-il dit, des batailles dans lesquelles on en comptait six mille dans les deux camps, et quand les Anglais envahirent une des provinces du Cambodge, le généralissime siamois, nouveau Samson, les mit en fuite en les surprenant la nuit avec quatre cents éléphants à la croupe desquels il avait fait attacher des torches allumées.

Les maîtres actuels de la péninsule hindoue n'utilisent plus guère le grand pachyderme que pour la chasse et comme bête de somme. A Siam, il est resté bête de guerre; voici comment le comte de Beauvoir décrit l'équipement de l'un de ces animaux : « Ses longues défenses sont plus hautes qu'un homme : une carapace de crocodile est étalée sur son occiput pour le protéger des coups ennemis. Un sergent-major siamois, coiffé d'un casque, est huché sur son pavillon, sorte de houdah à incrustations de nacre, et s'abrite sous le parasol à sept étages, emblème de la royauté; un jeu de lances, javelots, massues et casse-têtes est disposé autour de lui; le cornac est sur la croupe et du son aigu de sa voix enfantine, il dirige à son gré le colosse du règne animal. »

*
* *

C'est encore à Siam que, dans son rôle de monture, le harnachement de l'éléphant arrive au luxe le plus magnifique.

Les rajahs, dépossédés au bénéfice de S. M. Victoria, déploient certainement un grand faste, mais avec leurs ressources amoindries, ils ne sauraient atteindre à celui de ce roi de Siam qui, modestement, s'intitule « le maître du monde ».

Le cou monstrueux de l'éléphant royal est orné de colliers d'or agrémentés de pierres précieuses, que lui envieraient nos femmes les plus élégantes; ses oreilles portent également des anneaux enrichis de pierreries, quand ce ne sont pas de grosses houppes de soie, à laquelle se mêlent des chapelets de perles ou de gemmes.

Sa couverture qui sert de tapis au houdah et descend jusqu'au-dessous du ventre de l'animal est des plus riches étoffes brodées d'or et d'argent; le houdah lui-même est d'un bois précieux, sur lequel les niellures de nacre et de métaux forment les plus capricieux dessins et où surtout reparaissent les rubis, les émeraudes et les diamants.

Ainsi vêtu, le bon éléphant se montre-t-il plus fier? Il est permis d'en douter; si, comme nous allons le voir tout à l'heure, l'intelligence

que d'aucuns lui prêtent a rencontré des scep-
tiques, il ne me semble pas possible de refuser
à cette grosse bête un certain bon sens; je suis
donc convaincu que le roi Maya-Mongkur lui
eût-il offert le choix entre un bon paquet
d'herbes vertes et cette tête de Boudha faite
d'une émeraude unique au monde, il n'hésite-
rait pas un instant à choisir le premier et à
le faire passer dans son estomac, après l'avoir
soigneusement épousseté.

*
* *

Ceci nous amène à traiter cette question
tant controversée de l'intelligence de l'éléphant
Elle a pour elle une incontestable popularité;
presque tous les voyageurs l'ont reconnue, ils
ont raconté des traits si extraordinaires de sagacité la démontrant, elle est si bien devenue
article de foi pour nous autres Occidentaux,
que la nier devant le public, ce serait s'exposer

à le faire rire. Cependant, il s'est trouvé non seulement en France, mais en Angleterre, des savants pour refuser au grand pachyderme les dons intellectuels qui lui avaient été jusqu'alors accordés; nous allons vous présenter leurs arguments, puis les faits qui militent en faveur de l'intelligence de la bête; après quoi, nous donnerons nos conclusions.

Virey et, après lui, M. d'Orbigny ont été les premiers à refuser un certain développement intellectuel à l'éléphant. « Dans l'état sauvage, dit le premier, ses inclinations naturelles ne sont pas supérieures à celle d'un rhinocéros, d'un hippopotame, d'un cochon et d'autres espèces analogues. Sa docilité, sa soumission ne prouvent que l'inertie de sa nature.

Quoique grand et fort, il devient la proie du tigre et du lion, il les fuit et les redoute à l'excès. Il n'a ni l'intelligence du castor, ni l'adresse du singe, ni la finesse du renard, ni la sagacité du chien. Ce n'est donc qu'un animal vulgaire par son intelligence, curieux par sa masse et sa conformation.

Les éléphants sauvages retombent stupidement dans les mêmes pièges où ils ont été pris; ils ne sont ni plus ni moins délicats que les autres quadrupèdes. Leur force égale celle de cinq ou six chevaux, mais elle ne peut pas être aussi facilement employée : voilà pourquoi l'éléphant n'est partout qu'un serviteur de luxe, un esclave d'ostentation.

« A l'examiner sans prévention, il est à peine intellectuellement au niveau du cheval, il ne saurait être comparé au chien; en cela notre opinion est appuyée par Cuvier (*Règne animal,* 1er vol., p. 230).

« L'adresse de l'éléphant dépend de la conformation de son intelligence. Il est doux, il s'attache, il s'affectionne, dit-on, aux hommes; cependant il tue assez souvent son cornac. Sans doute il n'est pas féroce puisqu'il est herbivore; ses qualités dépendent de son tempérament et non de sa vertu.

« La mollesse de son caractère est visible
dans la manière dont on l'apprivoise; la faim
le dompte; il oublie ses compagnons dans
l'esclavage; il obéit sans murmurer à la volonté du maître, il n'ose résister; il est faible
et timide; tandis que le lion, pris vieux, demeure indomptable et ne voit dans l'homme
que son tyran; la faim ne le rend pas ram-
pant et lâche, il s'indigne de ses fers et meurt
avec un caractère libre. »

Ce réquisitoire est un peu trop vif. Reprocher
à l'éléphant de n'être ni plus ni moins délicat
que les autres quadrupèdes, nous paraît naïf
de la part d'un médecin philosophe. N'étant ni
castor, ni singe, ni renard, ni chien, il est in-
juste de demander à l'éléphant d'égaler chacun
d'eux dans son aptitude caractéristique; il est
éléphant, et sa qualité le dispense du génie

hydraulique, de l'adresse, de la finesse des uns et des autres.

Nous ne pousserons pas plus loin l'analyse de ce chapitre du *Dictionnaire d'histoire naturelle;* nous ne lui opposerons pas l'éloquent plaidoyer par lequel, dans ses *Animaux sauvages,* Louis Jacolliot lui a riposté; nous citerons quelques faits empruntés à divers voyageurs, en contradiction avec les conclusions de Virey, et en les faisant suivre de nos observations.

La communauté dans laquelle vivent les éléphants de la vie sauvage, procède certainement beaucoup moins de l'intelligence que de l'instinct, mais d'un instinct assez élevé. Malgré sa force, l'animal a conscience que sa tranquillité ne saurait être mieux assurée que par ces agglomérations.

Non seulement celles-ci se font très soigneusement garder par une sentinelle, soit pendant que la troupe broute l'herbe et les feuilles des jungles, soit lorsqu'elle joue et se rafraîchit dans l'eau de quelque lagune (son grand délassement), mais elles obéissent à un chef, un vieux mâle fort, et c'est encore là un acte d'instinct supérieur.

Sans doute il est possible qu'on ait vu des éléphants donner une seconde fois dans un piège où ils avaient déjà été pris; mais ce piège étant une chausse-trappe que les nègres savent dissimuler avec une habileté étonnante, à moins de se condamner à une immobilité permanente, l'animal peut difficilement l'éviter; l'homme lui-même serait exposé à subir cette récidive.

Brehm, dans son voyage au pays des Bogos, a reconnu que les chemins des éléphants à travers les forêts étaient toujours tracés dans les endroits les plus favorablement disposés à leur marche, et dans le sens le plus direct au but où ils se proposaient d'arriver.

« L'éléphant sauvage, dit-il encore, est plus naïf que prudent. Son intelligence ne s'élève même pas jusqu'à la ruse. Il n'en a pas besoin.

La riche nature qui l'environne et lui fournit
en abondance les aliments nécessaires à sa sub-
sistance, le dispense d'exercer ses facultés. Il
mène une vie aussi inoffensive que tranquille.
Au premier abord, il peut paraître à l'observateur une créature épaisse et stupide, mais dès
que la crainte s'empare de lui et le force à réflé-
chir, nul animal ne le surpasse. »

Tennent cite un exemple d'observation et de
discernement bien curieux et qui, je le crois,
n'a jamais été relevé chez un autre quadrupède.
« Un planteur de café du nom de Raxava, dit-
il, avait remarqué qu'au moment de l'orage,
les éléphants sauvages quittaient tout à coup la
forêt et se couchaient dans les prairies, loin
de tout arbre, et qu'ils y restaient tant que les
éclairs brillaient et que le tonnerre grondait.
Ceci, ajoute-t-il est une preuve d'intelligence
et nous montre ce qu'est l'éléphant abandonné
à lui-même et forcé de veiller à sa conservation. »

C'est surtout lorsque, arraché à ses forêts,

il a subi le contact de l'homme, que l'éléphant doit donner la mesure de l'intelligence dont il est susceptible : elle n'existe nécessairement qu'à l'état de lettre morte dans la sauvagerie; sous ce rapport, deux mammifères, l'un assez bien, l'autre très bien doué, ne se montrent pas beaucoup plus avancés que le pachyderme dans l'indépendance. La timidité et la prudence étant pour lui de suffisantes sauvegardes, il ne trouve pas l'occasion de développer ses facultés intellectuelles, et encore une fois ce n'est pas dans la vie libre de ses forêts natales qu'il en faut juger, et d'autant plus que les affirmations de ceux qui prétendraient avoir observé ces animaux sur le vif, seraient jugés suspectes à bon droit.

Il faut maintenant reconnaître qu'il y a certainement pas mal d'exagération dans ce que les uns et les autres ont raconté de ce qu'ils n'hésitent pas à appeler, — des missionnaires eux-même se sont servi du terme, — les vertus de l'éléphant. Nous inclinons même à penser que ses exagérations ont, par réaction, quelque peu déterminé les négations absolues que nous avons citées plus haut.

Sans aller aussi loin que les Anciens qui ont prêté à cet animal la connaissance du langage humain, et prétendu qu'il adorait le soleil et la lune et rendait hommage à l'astre du jour, en élevant sa trompe chargée de feuillages, le père Vincent-Marie dit qu'il est généreux et tempérant, aime les honneurs et s'attriste du mépris. Un autre missionnaire, le P. Philippe, assure que cet animal approche de bien près du jugement et du raisonnement des hommes. Terry lui reconnaît aussi des actes qui tiennent plus de la raison que de l'instinct. François Pycard n'admet pas qu'il existe une autre bête ayant autant de jugement et de connaissances, en sorte que l'on dirait qu'il dispose d'une sorte de raison.

Certainement, c'est pousser un peu trop loin la glose ; tenons-nous-en donc aux faits témoignant que l'éléphant s'acquitte des tâches que son servage lui impose, avec une fidélité et un discernement remarquables, aux traits qui semblent indiquer qu'il n'est pas toujours étranger aux sentiments que nous considérons comme notre privilège, et particulièrement à la reconnaissance et à la justice.

Voici une anecdote presque classique, tant elle est ancienne et que nous empruntons à ce dic-

Fig. 30. — Retour à l'écurie.

tionnaire d'*Histoire naturelle* où figure l'article de Virey : « Un éléphant venait de se venger de son cornac en le tuant. La femme, témoin de ce spectacle, prit ses deux enfants et les jeta aux pieds de l'animal encore furieux en lui disant : — Puisque tu as tué le père, ôte la vie à la mère et à ses enfants! — L'éléphant s'arrêta tout court, s'adoucit et, comme s'il eût été touché de regrets, prit avec sa trompe le plus grand de ces deux enfants, le plaça sur son cou, l'adopta pour cornac et ne voulut plus en souffrir d'autres. »

Pendant un séjour qu'il fit à Calcutta, un de nos amis prenait un grand plaisir à suivre la manœuvre de deux éléphants, procédant au chargement d'un navire. Pour y arriver, ils avaient à franchir une passerelle faite de madriers, ayant environ trois mètres de longueur et reliant le bâtiment au quai. Il s'amusa longtemps de l'ordre et de la correction avec lesquels les deux animaux, soutenant une balle de riz avec leur trompe, opéraient tour à tour leur traversée, attendant patiemment que le camarade eût effectué son retour, avant de s'engager sur les poutres. Il vint un moment où, si épais que fussent ces madriers, ils fléchirent sous le poids et firent entendre un craquement de mau-

vaise augure. L'éléphant qui venait de traverser, au lieu de se rendre au panneau, s'arrêta
net, laissa tomber son fardeau; levant sa trompe
et grognant, il fit comprendre à son camarade
que la route n'était plus sûre, et tous les deux
refusèrent obstinément de tenter une nouvelle
traversée, jusqu'à ce qu'on eût changé le madrier
défectueux.

« Un soir, raconte Tennent, je me promenais
à cheval dans la forêt près de Kandy. Tout à
coup, ma monture s'arrête, effrayée d'un bruit
qui partait du massif. On entendait le cri
« Ourmf, Ourmf », sourdement répété. C'était
un éléphant domestique abandonné à lui-même,
aux prises avec un travail difficile. Il s'efforçait
de transporter une lourde poutre qu'il avait
chargée sur ses défenses; mais le sentier étant
trop étroit, il était forcé d'incliner la tête tantôt
à droite, tantôt à gauche; cet exercice lui faisait
pousser des grognements de mauvaise humeur.
En nous apercevant il leva la tête, nous consi-
déra un instant, jeta son fardeau à terre et se

rangea de côté contre le bois pour nous livrer passage. Mon cheval tremblait de tous ses membres. L'éléphant le remarqua, s'enfonça davantage dans le bois en répétant son « Ourmf », mais sur un ton plus doux et comme pour nous encourager. Mon cheval tremblait toujours. C'était curieux de voir ce qui allait se passer. L'éléphant continua de s'enfoncer de plus en plus dans le fourré, attendant impatiemment que nous fussions éloignés. Enfin mon cheval, toujours tremblant, franchit le chemin; l'éléphant reparut aussitôt, reprit sa poutre, et continua sa pénible besogne. »

*
* *

L'éléphant est, avec le chien, le seul animal qui puisse s'acquitter d'une tâche, quand le maître n'est pas là pour veiller à son accomplissement. On en voit tous les jours des exemples dans l'Inde, et cet acquiescement à un commandement, en l'absence de celui qui l'a donné, est peut-être un des actes qui militent le plus en faveur du don de jugement ; il donne à supposer que l'animal a une certaine notion du devoir.

Le docteur Jonathan Franklin, dans son *Histoire naturelle*, raconte qu'il a vu dans l'Inde la femme d'un mahoud ou cornac confier la garde d'un très jeune enfant à une de ces gigantesques créatures : « Je me suis même fort diverti, dit-il, à considérer la sagacité et les soins délicats que prodiguait à son marmot cette pesante bonne d'enfants, en l'absence de la mère occupée ailleurs. Le petit garçon qui, comme tous ses pareils, n'aimait point à rester longtemps dans la même place et qui voulait qu'on s'occupât de lui, se mettait à crier aussitôt qu'il se sentait abandonné à lui-même.

Quelquefois il s'embarrassait dans les jambes de l'animal, ou dans les branches d'arbres déposées devant celui-ci pour sa nourriture. L'éléphant le dégageait alors avec une tendresse admirable, soit en le soulevant avec sa trompe, soit en écartant les obstacles qui pouvaient gêner les mouvements du bambin. Si, par hasard, l'enfant avait atteint, en se traînant, une distance dépassant le cercle d'action de l'animal, car la pauvre bête était attachée par le pied, l'éléphant allongeait sa trompe, ramenait l'enfant avec autant d'adresse que de douceur, au point d'où le petit turbulent s'était écarté. »

Les preuves de la reconnaissance dont les éléphants sont susceptibles, sont très multipliées, mais voici un fait, encore rapporté par Franklin, prouvant que cette reconnaissance s'affirme même lorsque le bien a été acquis aux dépens d'un mal passager.

« Un éléphant avait été blessé d'une balle dans une des guerres de l'Inde. Après avoir été conduit deux ou trois fois à l'hôpital dans des cas semblables, il avait l'habitude d'y retourner de lui-même quand il sentait le besoin d'être soigné. Le chirurgien ayant été forcé d'appliquer le feu à ses blessures, la douleur arrachait quelquefois à l'animal les grognements les plus plaintifs. Cependant, semblant comprendre que ces souffrances momentanées étaient nécessaires pour amener sa guérison, il n'exprima jamais envers ce chirurgien d'autre sentiment que celui de la reconnaissance. »

Précisément à ce propos, le docteur Franklin fait remarquer que c'est là un des faits les plus probants que l'on puisse opposer aux gens qui se refusent à subir la douleur, sans plus en rechercher les conséquences que les causes. Calculer les bénéfices qu'on pourra retirer plus tard d'une souffrance actuelle, est évidemment un acte de raison.

Un officier d'artillerie, au service de la Compagnie des Indes, rapporte un trait indiquant chez l'éléphant une combinaison qui ne peut résulter que de la réflexion. Le train de siège qui se dirigeait vers Seringapatam devait traverser une rivière ressemblant à toutes les rivières de la péninsule. Dans la saison d'été, elles sont réduites à un maigre cours d'eau, mais leur lit façonné par les pluies de l'hiver n'en est pas moins d'une largeur considérable, abondant en bancs de sable, sur lesquels le tirage est très difficile. Un des hommes du train, assis sur un caisson, tomba. Sa situation était des plus critiques et les roues de derrière du caisson ne pouvaient manquer de passer sur son corps. L'éléphant qui marchait derrière le caisson vit le danger que courait ce malheureux, et spontanément, sans aucun ordre de son mahoud, il souleva la roue avec sa trompe, et la tint en l'air, jusqu'à ce que le caisson fût passé.

Le Dr Franklin est de ceux sur lesquels le développement intellectuel de l'éléphant a produit la plus profonde impression. Nous avons vu que des naturalistes, se fondant sur le médiocre volume de la masse célébrale du

pachyderme relativement à la grosseur de
la boîte osseuse qui
la protège, en ti-
raient cette conclu-
sion qu'il était peu

Fig. 31. — Le gardien des enfants.

favorisé sous le rapport de l'intelligence.

Franklin pense que : « toute proportion gardée, le cerveau de l'éléphant présente un volume et une forme qui lui font honneur, sans toutefois l'élever plus haut que celui du chien ».

N'ayant point habité l'Orient, le docteur n'a pas été à même d'étudier l'animal dans ce premier état de servitude où il est astreint à des travaux domestiques; en revanche, il paraît avoir curieusement observé les éléphants que les ménageries, les cirques qui les possédaient avaient, en quelque sorte, façonnés à une civilisation plus avancée, et il s'étend longuement sur *Chuni,* un éléphant asiatique remarquable pour sa docilité, son intelligence et ses « moyens dramatiques ». Chuni, après avoir débuté avec un grand succès au théâtre Adelphi, fut montré au public dans un grand mélodrame par M. Cross, directeur du *Coburg Theater.*

« Chuni, continue le docteur Franklin, quitta sa résidence pour s'acheminer vers l'endroit où il devait étudier son nouveau rôle. Il suivit son gardien d'un pas grave à travers les rues; mais ce changement de domicile le rendit triste et mal à l'aise. Le cornac, pour le consoler, fut obligé de dormir dans l'écurie où l'animal était placé. Son éducation théâtrale exigea seulement trois semaines. Dans cette courte période de temps, il apprit l'art d'émettre certains sons, de se mouvoir en cadence et en mesure selon le rythme de la musique, de distinguer un acteur d'un autre personnage, de placer la couronne avec une poétique justice sur le front du roi légitime et de s'asseoir lui-même au banquet du monarque avec une sorte de majesté.

« Nous avons dit que, pendant ces représentations, Chuni avait exigé que son gardien dormît à côté de lui, dans la même salle. L'éléphant étant retourné plus tard dans son ancienne demeure, le cornac le quitta pendant la nuit comme il en avait précédemment l'habitude; mais l'animal ne voulut point prendre, en l'absence de son maître, son repos accoutumé, il resta obstinément sur ses jambes pendant quatre ou cinq nuits. Le gardien comprit alors que l'éléphant était malheureux sans la société de celui qu'il aimait. Un hamac fut aussitôt suspendu dans l'écurie, et la pauvre bête, aussitôt qu'elle sentit son maître, se coucha avec une évidente satisfaction.

« J'ai assisté aux débuts de Chuni et je l'ai suivi dans les différentes phases de sa carrière théâtrale. C'était un véritable artiste. J'admirais surtout la légèreté relative et la gentillesse avec laquelle il se mouvait sur une scène encombrée d'acteurs. On eût dit qu'il avait la conscience de sa volumineuse personnalité, qu'il avait compris la faible résistance que ses autres camarades de théâtre pouvaient opposer à sa formidable masse. Il avait soin, lui-même, d'éviter toute rencontre, tout choc contraire au bon ordre de la mise en scène. Chuni joua un rôle important dans plusieurs pièces, notamment dans *Harléquin Padmanabà*; je ne crois pas cependant qu'il fût doué d'une sagacité beaucoup plus grande que les autres animaux de son espèce, il était seulement mieux instruit. »

Chuni eut une fin tragique. Si l'homme, avec sa raison, ne résiste pas à l'isolement, il doit être d'autant plus difficile à un animal de

Fig. 32. — Soldat anglais sauvé par un éléphant.

vivre complètement séparé de ses semblables,

qu'il est soumis à un régime pour lequel il n'a pas été fait; le séquestration provoqua chez l'éléphant du théâtre Adelphi, comme chez beaucoup de vieux mâles de sa race, des accès de délire furieux qui rendirent sa conservation impossible.

Cédons encore la parole au Dr Franklin :

« La destruction de cette pauvre bête fut jugée une mesure de sûreté publique. L'exécution eut quelque chose de pénible et d'effrayant. Ce fut un siège en règle contre cette forteresse vivante. Même dans ce fatal moment, le condamné à mort n'avait pas perdu quelques-unes de ses bonnes qualités. Il obéit jusqu'au bout à la voix de son gardien. Il suivit les ordres que le maître lui ordonnait au milieu du feu et il tomba noblement comme un général fusillé. Cette mort affligea les nombreux admirateurs de Chuni, et surtout ceux qui, comme moi, pensaient que cette boucherie était la faute de notre ignorance et des traitements contre nature que nous infligeons à certains animaux. »

*
* *

Ayant à donner notre opinion personnelle sur l'intelligence de l'éléphant, nous avons tenu à mettre sous les yeux de nos lecteurs les arguments de ceux qui la lui refusent, comme les faits sur lesquels s'étayent les partisans de son développement intellectuel. Peut-être y a-t-il eu, des deux parts, quelque tendance à l'exagération. S'il serait absurde d'admettre avec les Hindous que ce grand pachyderme a reçu en partage des vertus qui sont le privilège de l'espèce humaine, la justice, la prudence, l'équité et jusqu'à la chasteté, il ne l'est pas moins de refuser à la bête capable des actes que vous venez de lire et qui ont été attestés par des hommes dignes de foi, une certaine dose de réflexion et un discernement remarquable.

A notre humble avis, la vérité doit se rencontrer entre ces deux opinions extrêmes.

Nous l'avons dit déjà : reprocher à l'éléphant de ne pas égaler le singe en adresse, le castor en industrie, le renard en finesse, etc., nous paraît quelque peu enfantin. Le caractère de l'animal est toujours déterminé par sa conformation physique et par ses besoins. En raison de sa taille et de l'appétit formidable auquel il doit satisfaire, l'éléphant est nécessairement l'esclave de son énorme masse, et il n'est pas un seul des dons ci-dessus qui puisse le servir. On l'a comparé au chien pour le placer intellectuellement beaucoup au-dessous de celui-ci. C'est oublier que la domesticité de ce chien a des chevrons : elle date de quatre à cinq mille ans, aussi l'atavisme lui a-t-elle communiqué quelque chose des éducations successives de ces longues suites d'ancêtres. J'ai pu observer dans ma vie trois chiens sauvages ou quasi sauvages, entre autres un chien des Esquimaux, et je puis affirmer qu'ils ne rappelaient que de bien loin le caractère et les aptitudes des nôtres.

L'éléphant, au contraire, est toujours un sauvage apprivoisé. On l'a arraché à son indépendance, on l'a dompté, il s'est résigné un peu mollement, je le veux bien, sous la pression de la faim, toute-puissante pour l'animal, dont la loi suprême est la vie; dans ces conditions, il vous étonne déjà par sa soumission, sa docilité, le jugement dont il fait preuve et quelquefois par son attachement à son maître. Pour avoir la mesure exacte des qualités dont il est susceptible, il faudrait les étudier chez l'éléphant né sous la tutelle de l'homme et provenant surtout d'une certaine suite d'éléphants domestiques, façonnés au servage, familiarisés avec les volontés humaines. Alors, mais alors seulement, on pourrait le comparer au chien; très probablement il ne l'égalerait pas de la même manière, mais il nous surprendrait encore.

Il est possible que, dans l'avenir, on soit en

mesure de réaliser cette observation. Lorsque les captures d'éléphants deviendront plus difficiles et plus rares, il est à présumer qu'on essaiera de leur élevage, car en dépit d'un préjugé longtemps répandu en Orient, il se reproduit parfaitement en servitude et les exemples d'éléphants nés dans les ménageries en Europe ont été assez fréquents dans ces dernières années.

En résumé, les éléphants témoignent dans la vie sauvage d'une sociabilité nettement accusée ; ils vivent en troupe ou plutôt en famille, car il est très probable que tous les animaux de la bande sont attachés les uns aux autres par les liens du sang. On a prétendu que ces agglomérations étaient fortuites et ne s'inspiraient d'aucun esprit de solidarité ; cela nous paraît peu exact, puisque tous les voyageurs, tous les chasseurs sont unanimes à déclarer que le troupeau obéit au vieux mâle qu'il se donne pour chef, qu'il a ses sentinelles chargées de veiller à la sûreté de tous, qu'il repousse énergiquement les éléphants étrangers qui tentent de prendre place dans ses rangs. Bien que tous ces traits se retrouvent chez d'autres animaux vivant également en société, ils ne sont pas d'un instinct vulgaire.

Il a indubitablement la douceur et la passivité de tous les herbivores, mais s'il prend la fuite devant une attaque dont il n'aperçoit pas l'auteur et dont il ne saurait deviner l'origine telle qu'un coup de feu, si l'ennemi se montre à lui, il se défend courageusement; il n'est point lâche. Il faut lire le très intéressant voyage en Afrique que M. de Segonzac a publié dans la *Revue des Deux-Mondes* pour avoir la mesure de la résistance que peut présenter un éléphant, comme de l'incroyable persévérance qu'il faut au chasseur pour en triompher.

Boitard a été jusqu'à lui reprocher son goût pour les souillures des marécages, qu'il ne rencontre jamais sans s'y vautrer. Il eût été plus équitable de faire leur procès à la malicieuse engeance des insectes qui font de ces bains une nécessité, et d'une cuirasse de boue un préservatif contre les piqûres dont ils sont assaillis.

*
* *

On s'étonne de la facilité avec laquelle, cédant aux tiraillements de sa vaste panse, l'éléphant consent à obéir à l'homme. Je conviens qu'il serait plus digne de sa majestueuse stature de préférer à l'esclavage la plus douloureuse de toutes les morts, mais le tempérament de l'animal est absolument réfractaire au suicide et sa résignation en pareil cas en serait un. J'ai toujours soutenu qu'il n'avait nullement conscience de l'anéantissement qui est le caractère de la mort, mais il en éprouve instinctivement l'horreur et il emploiera ses dernières forces à essayer de s'y soustraire.

Une aimable jeune fille a bien voulu, ces

jours-ci, m'envoyer un récit détaillé des diverses tentatives par lesquelles une chatte, qu'elle
aimait, a essayé de mettre fin à ses jours; je
ne doute nullement de la sincérité de ma gra-
cieuse correspondante. Néanmoins, pour mêler
mes larmes aux siennes, je voudrais avoir pu
étudier les causes qui poussaient l'infortunée
Minette à cet acte de désespoir, et l'avoir sur-
veillée d'assez près pour être certain qu'elle n'a

Fig. 33. — L'éléphant domestique.

pas trouvé de complice quand il s'est agi de s'exécuter.

J'ai vu débarquer à Marseille, il y a de cela une trentaine d'années, un vieux lion de l'Atlas, pris dans une fosse, que l'on expédiait à je ne sais plus quelle ménagerie. Il était dans un état de frénésie qui n'avait ni trêve ni repos, il ne cessait de bondir contre les parois de sa cage que pour jeter des rugissements terribles; tout son corps était couvert de plaies produites par cette continuité d'agitation; sa queue, dont il ne cessait pas de se battre les flancs, était absolument dénudée et sanguinolente; cependant, loin de tenter de se briser la tête contre les barreaux, ce qui lui eût été facile, il suffisait qu'il vît apparaître le morceau de viande qui représentait sa nourriture, pour qu'il recouvrât aussitôt un certain calme; il la dégustait même avec une visible satisfaction; s'il ne s'en montrait pas reconnaissant, s'il n'abjurait pas, du moins pour quelque temps, ses impuissantes fureurs, comme dans un cas pareil fait l'éléphant, c'est tout simplement parce qu'en sa qualité d'herbivore, celui-ci est doué d'un tempérament infiniment plus doux et en même temps parce que ses capacités stomacales lui imposent des besoins plus impérieux qu'au carnivore.

Il ne faut pas perdre de vue que d'autres éléphants prennent une part considérable à la réduction de celui que l'on vient d'arracher à la vie sauvage; chez un animal doué comme celui-là de l'instinct de la sociabilité, cette intervention doit être toute-puissante. En se retrouvant au milieu d'êtres de son espèce, il peut croire qu'il n'a fait que changer de compagnons, et cela peut contribuer à le décider à se plier aux exigences qu'il voit subir par ceux-ci. Enfin, on pourrait dire encore que cette résignation qu'on lui reproche, est un nouveau témoignage de sa faculté de jugement; il cède de bonne grâce à la force parce qu'il comprend que la résistance serait inutile et ne pourrait qu'aggraver sa mauvaise fortune.

Les traits que nous avons précédemment cités nous dispensent d'insister sur ce que nous appellerons les qualités morales de l'éléphant dans la domesticité. Nous en avons très soigneusement éliminé tous les récits qui nous ont semblé trop merveilleux, sachant avec quelle facilité on glisse sur cette pente aussitôt qu'on y met le pied ; ce que nous avons emprunté, aux voyageurs comme aux chasseurs, nous paraît suffisant pour établir que cet animal est capable d'une certaine réflexion, d'un discernement assez sagace, qu'il est prudent, et enfin qu'il s'attache facilement à celui qui le soigne et le conduit, et dans lequel il reconnaît son maître ; ces qualités, venant s'ajouter à une docilité surprenante chez une bête de cette taille et de cette force, nous semblent suffire à classer ces pachydermes parmi les plus précieuses et les plus curieuses des conquêtes qu'il a été donné à l'homme de réaliser, et nous souhaitons qu'elle se complète par une domestication héréditaire que les

Anglais, les grands éducateurs de quadrupèdes, sont parfaitement en mesure de poursuivre dans leurs possessions de l'Hindoustan.

CHAPITRE VIII

Éléphants de Cirques.

LES ÉLÉPHANTS DANSEURS. — LE DRESSAGE. —
CIRQUES MODERNES. — ENCORE CHUNI. —
LES ÉLÉPHANTS MÉLOMANES.

Nous avons exposé le rôle sanglant que les
Romains avaient fait jouer aux éléphants dans
les jeux du cirque; les maîtres du monde pre-
naient encore plaisir à les voir exécuter des
jeux, des figures, avec lesquels l'énormité de
leurs masses et leur lourdeur formaient un
piquant contraste, et ces sortes de représentations n'avaient pas moins de succès que celles

où l'on immolait un nombre respectable de ces colosses.

Pline l'Ancien raconte qu'après les combats de gladiateurs donnés par Germanicus, on fit paraître une troupe de ces éléphants dressés; leurs exercices consistaient à simuler des combats, à jeter en l'air des piques et des boucliers, puis à danser une sorte de pyrrhique. L'un d'eux marchait sur une corde raide et tendue à travers le cirque; ce bon Pline ne dit pas si cet acrobate d'un nouveau genre se servait de balancier. Le spectacle se terminait par une scène dans laquelle quatre éléphants en portaient un cinquième, qui, étendu dans une litière, figurait un malade ils avaient à traverser une partie de l'arène représentant une salle de festin, et ils s'acquittèrent de leur tâche avec tant de précautions qu'ils ne touchèrent point les lits sur lesquels reposaient les convives et ne dérangèrent pas un seul des buveurs.

Mucianus, trois fois consul, rapporte qu'un

Fig. 34. — *Chuni*, ancien éléphant du Cirque.

éléphant avait appris à tracer des caractères grecs et qu'on lui faisait écrire en cette langue sur le sable du cirque : « C'est moi qui ai consacré les dépouilles celtiques et écrit ces mots. »

*
* *

Ce sont les modernes qui ont poussé le plus loin l'art de faire servir l'éléphant à leurs divertissements. Ce que le Dr Franklin raconte de Chuni, nous l'avons vu renouveler par un de ses semblables à l'ancien cirque du boulevard du Temple, puis à la Porte-Saint-Martin. Autant qu'il nous en souvient, car cela date de fort loin, le rôle assigné au pachyderme sur la première de ces deux scènes était passablement compliqué ; il intervenait dans toutes les péripéties pathétiques de la pièce et toujours, bien entendu, pour punir le traître et faire triompher l'innocence. Je crois bien qu'il y avait effectivement un roi légitime à restaurer dans cette histoire qui avait été probablement calquée sur l'œuvre anglaise, mais ce que je puis affirmer, c'est que, comme Chuni, l'éléphant du cirque s'acquittait merveilleusement de son rôle et ne manquait pas plus ses entrées que ses sorties. Plus près de nous, on a encore vu un éléphant dans *le Tou.' du Monde*, de Jules Verne. Il ne manquerait pas d'artistes qui, au besoin, témoigneraient du savoir-vivre, de la courtoisie avec lesquels leur énorme camarade se comportait dans les coulisses, particulièrement envers les dames du corps de ballet.

Le succès de la pièce décida un entrepreneur de spectacles à lui faire faire son tour d'Europe. L'éléphant qui avait figuré à la Porte-Saint-Martin n'étant plus disponible, il fallut en engager un autre. La doublure, sans égaler peut-être le créateur du rôle, s'en acquitta cependant avec un talent auquel une foule de populations rendirent hommage ; pendant une tournée qui fut fort longue, il n'y eut qu'une seule défail-

Fig. 35. — *Monsieur, Madame* et *Bébé.*

lance. La troupe était arrivée à l'hôtel de France, à Versailles ; la porte de l'écurie n'é-tant pas assez grande pour lui livrer passage, on le plaça dans une cour. L'éléphant, qui n'appréciait sans doute pas cette sorte de chambre à coucher, profita de ses loisirs pour la dépaver complètement et si bien que sa réfection coûta huit cents francs à son barnum.

A Liège, ce même éléphant avait été amené

sur la scène par un escalier en bois, assez difficilement praticable; il y vécut pendant tout
le mois que durèrent ces représentations dans
un réduit qui lui avait été aménagé au fond
de la scène. Quand les représentations furent
terminées, on le conduisit devant ce même escalier, mais il refusa énergiquement de s'y engager; ce fut en vain qu'on essaya de l'y décider. Une large courroie de cuir à laquelle un
câble était relié fut passsée à son encolure;
tout ce qu'il y avait de machinistes, de choris-
tes s'y attelèrent, et tirant de toutes leurs forces, essayèrent de l'amener à franchir la première marche; l'éléphant, toujours récalcitrant,
secoua sa grosse tête et les culbuta les uns sur
les autres. On prit le parti d'y renoncer et
l'on fit construire pour lui une sorte de plan
incliné, lequel, par une pente douce, abouti-
rait à la cour. Quand ce pont fut terminé, on
amena l'éléphant, il posa un de ses pieds sur
le plancher que supportaient de gros madriers,
le tâta à plusieurs reprises comme pour s'assu-

rer de sa solidité; elle ne lui parut pas sans doute suffisante, car, tout à coup, faisant tête à queue, il se dirigea vers l'escalier primitif, et seul, sans injonction de son cornac, il le descendit à l'étonnement et à la satisfaction générale. — Il nous paraît infiniment probable que cette préférence définitive prouve une réflexion nettement caractérisée; avec sagacité, la bête avait jugé cette voie encore moins périlleuse que celle qu'on venait d'improviser.

*
* *

L'histoire anecdotique de tous les éléphants dressés qui ont été exposés à la curiosité publique ne saurait entrer dans notre cadre; mais nous avons eu personnellement sous les yeux des exemples bien caractéristiques de tout ce que l'on peut obtenir de l'intelligente docilité de ces animaux. Certes, l'ingéniosité, la patience, la persévérance des éducateurs sont pour beaucoup dans les résultats dont nous allons vous donner un aperçu, il n'en est pas moins incontestable qu'ils n'eussent jamais été obtenus d'êtres sauvages moins malléables, moins bien doués que ces pachydermes. Nous ne croyons pas que, dans leur dressage, personne soit allé aussi loin que les frères Lockhart, Sam et Géo.

Vous avez vu passer le premier à l'Hippodrome où les exercices de ses gigantesques élèves ont obtenu un immense succès : on voyait l'un d'eux prendre son maître par le milieu du corps et faire le tour de l'immense arène en le tenant ainsi suspendu. Cet éléphant réalisait un tour de force qui présentait assez de difficultés pour un homme, pour avoir été long-temps dans ces conditions un « des numéros » les plus goûtés de ce théâtre. Il plaçait ses quatre pieds sur une énorme sphère métallique et, ainsi juché, se tenant en équilibre, il escaladait un plan incliné avec elle et en la faisant rouler sous lui.

C'est au théâtre de la Gaîté, dans le *Voyage*

de Suzette, que Sam faisait, plus récemment, travailler ses élèves.

*
* *

L'autre frère, Géo, a exhibé en 1891, sur la scène des Folies-Bergère, trois éléphants dont le travail offrait un intérêt tout particulier. Les notes ci-après ont été écrites après l'une de ces curieuses exhibitions.

*
* *

... Les trois pensionnaires de Géo font une entrée sensationnelle. *Monsieur, Madame* et *Bébé* défilent, chacun d'eux tenant, avec sa trompe, celui qui le précède par la queue. Monsieur et Madame ont de $2^m,25$ à $2^m,30$ au garrot ; la taille de Bébé, une véritable miniature d'éléphant, ne dépasse pas $1^m,20$; s'il est l'enfant des deux autres, ce n'est peut-être que par adoption, car il est de deux ans l'aîné de ses camarades, lesquels, d'ailleurs, appartiennent au sexe charmant et sont sœurs.

Les deux grands se nomment Wady et Molly et le plus petit Boney. Wady et Molly sont nées dans la domesticité, dans un chantier où leurs parents travaillaient à charrier les pièces de bois. Elles ont huit ou neuf ans et pèsent environ 2,500 kilogrammes. Elles grandiront encore beaucoup et l'on estime que, dans dix ans, leur taille arrivera à près de 4 mètres.

La petite Boney est originaire de Bornéo ; elle fut prise encore à la mamelle en 1880, à la suite d'une chasse où sa mère fut tuée à coup de rifle par le capitaine du navire qui avait amené Géo Lockhart. Celui-ci se rendit, séance tenante, acquéreur du pauvre orphelin ; il était alors si petit que, lorsque son maître entr'ouvrait les jambes, il passait facilement entre elles. Géo l'éleva au bibe-ron, de quelques li-

Fig. 36. — « Le chien droit ».

tres de lait; comme Chuny, dont nous avons raconté l'histoire, il refusait de rester seul pendant la nuit; on avait attaché à son service un négrillon qui couchait dans son écurie; lorsque ce dernier venait à s'absenter, Boney poussait des cris lamentables jusqu'à ce qu'elle l'eût vu reparaître.

Dans son premier âge, Boney suivait son maître comme un chien. Si Lockhart se trouvait en voiture, elle ne résistait pas à la tentation d'y monter avec lui, elle s'aidait très adroitement du marchepied, s'installait sur les coussins, et fouette cocher! Ce genre de locomotion avait fini par lui sembler si agréable, que, dans ces sorties, il lui arriva plus d'une fois de planter là son père nourricier pour escalader le premier véhicule qui passait à sa portée, au grand émoi de l'occupant. Elle a heureusement perdu cette habitude de jeunesse, car malgré ses proportions minuscules pour un éléphant, dans un fiacre Boney serait un peu plus qu'encombrante.

*
* *

En outre des exercices communs à tous les éléphants de cirque, comme de polker, de valser, de marcher sur les trois pieds comme un chien qui s'est cassé la patte, de tomber à la détonation d'un fusil, de faire le mort, de prendre des poses variées sur un ou plusieurs tonneaux, Wady, Molly et Boney exécutent des tours inédits et qui n'avaient pas encore été obtenus. L'un des animaux, debout sur ses pieds de devant, fait ce que les enfants appellent « le chien droit »; le plus grand, lui, se dresse sur ses pattes de derrière et marche gravement et posément en conservant cette attitude.

Il paraît que c'est là l'exercice le plus difficile à pratiquer pour le pachyderme, celui qui exige du professeur le plus grand nombre de leçons. Nous ajoutons qu'elles doivent être quelque peu laborieuses. Il faut que le maître prenne sur ses épaules les deux pattes de devant du pachyderme et, devenu pour celui-ci une béquille vivante, marche lui-même devant lui, chargé de ce poids énorme.

Arrivons au jeu de balançoire, un des numéros les plus intéressants. Wady monte seule sur une longue et forte planche placée en équilibre sur une poutrelle; elle se livre à de violents mouvements de bascule qui, peu à peu s'affaiblissent, jusqu'à ce que l'éléphant arrive à maintenir son piédestal dans une immobilité complète; alors Molly se présente, l'équilibre

Fig. 37. — La balançoire.

est rompu; mais Wady le rétablit en reculant à mesure que sa compagne avance, et si bien que chacun des animaux peut se tenir immobile aux deux extrémités de la balançoire.

Boney répète l'expérience, et cette fois c'est son maître qui lui sert de compère. Si modeste que soit la taille d'éléphant de Boney, la différence de son poids avec celui de Lockhart complique singulièrement l'opération; les oscillations de la planche sont violentes, elles font sauter l'homme en l'air, mais le petit éléphant conserve ses aplombs et peu à peu il finit par découvrir un point où il équilibre parfaitement son maître placé à l'extrémité de la balançoire.

Le jeu des mouchoirs qui rentre dans la catégorie des tours gracieux, met à la fois en relief la souplesse dont ces énormes bêtes sont susceptibles et leur aptitude à comprendre la parole humaine. Les trois éléphants sont alignés; Lockhart lance devant eux un mouchoir de fine batiste; du bout de sa trompe, Wady

le saisit avec une délicatesse infinie, et bien que
ce meuble ne puisse pas être d'une grande uti-
lité pour elle, elle semble assez disposée à se
l'approprier ; mais sur l'ordre du maître, elle le
passe tantôt à Molly, tantôt à Boney, sans jamais se tromper ; les deux derniers répètent ces
exercices avec la même ponctualité à exécuter
l'ordre de Lockhart.

La fin de chaque numéro est marquée par
un cri, très aigu, un peu semblable au son
d'une corne de tramway, que pousse Boney sur
l'invitation du maître. Celui-ci est du reste le
plus intelligent et le plus parfaitement dressé
des trois éléphants ; il est l'étoile de la troupe,
son répertoire est plus varié que celui de ses
camarades.

Il monte sur une roue métallique, d'un mètre de diamètre à peu près, et la roule sous lui
sur toute la largeur de la scène. Il se hisse sur
un vélocipède ; les deux pieds postérieurs s'éta-
blissent solidement sur l'arrière de la ma-
chine ; ceux de devant se posent sur les pédales,

la trompe saisit le gouvernail et le voilà parti à des allures tantôt rapides, tantôt plus lentes, tournant et virant avec l'adresse d'un habile veloceman et passant ainsi à plusieurs reprises devant les spectateurs.

Rien ne manque à la représentation que donnent les éléphants de Lockhart, pas même le ballet. C'est encore Boney qui, à lui tout seul, représente l'orchestre. Il s'installe devant une énorme grosse caisse, dont il met la mailloche en mouvement avec son pied; sa trompe tourne la manivelle d'un orgue de Barbarie; les deux danseuses, avec de gros grelots à chaque pied, sont debout sur des tonneaux; aux sons mélodieux que leur petit compagnon tire de ses instruments et qu'il accentue encore par les gonflements d'un trombone à coulisse, Wady et Molly entrent dans le branle; elles dessinent les poses, les attitudes les plus suggestives de la chorégraphie, sans aller, cependant jusqu'à la danse du ventre.

*
* *

Le spectacle se termine par une scène comi-
que dans laquelle le premier rôle appartient
encore à Boney. C'est une nouvelle édition,
mais revue, corrigée et très adroitement déve-
loppée du repas du cheval savant, de tradition
dans les anciens cirques. Les trois pachydermes
sont assis sur trois tonneaux, ayant devant
eux trois autres tonneaux sur lesquels leur

Fig. 38. — La petite *Boney*.

couvert est mis; on leur passe au cou la serviette de rigueur, et on place devant chacun
d'eux une assiette pleine de pain. Les trois
convives font honneur au festin; l'assiette étant
dûment nettoyée, ils l'agitent au bout de leur
trompe pour le constater; puis voyant que le
second service se fait trop attendre, ils se re-
tirent piteusement dans les coulisses.

Boney est resté seul; il a comme les autres
vidé son assiette, mais il n'est pas éléphant à
se contenter d'une unique entrée; il saisit une
cloche et se met à sonner à tour de trompe,
jusqu'à ce qu'on se décide à lui apporter un
second plat; celui-ci est aussi lestement avalé
que le premier; alors Boney, revenant à sa
cloche, se livre à un nouveau carillon, en faisant comprendre qu'il a soif, qu'il serait con-
venable d'humecter quelque peu les aliments
qu'on lui a donnés. On lui apporte une bouteille de gin, et il la boit à petits coups, en dé-
gustant lentement, comme doit le faire un
amateur; puis quand il a recueilli la dernière

goutte de la liqueur, il envoie la bouteille rejoindre les assiettes.

Arrive alors le quart d'heure de Rabelais : Molly se présente avec une longue pancarte sur laquelle l'addition s'étale en gros caractères et la tend à Boney. Celui-ci ne paraît pas disposé à entendre parler de règlement. Pour toute réponse, il s'allonge de tout son long sur la scène, et ne fait plus un mouvement. Boney est mort! Cependant il ressuscite à la voix de son maître, mais quand celui-ci l'engage à acquitter sa dette, il se contente de faire avec sa trompe un signe nettement négatif. On appelle la maréchaussée, Wady se présente coiffée d'un immense chapeau de gendarme, tenant à bout de trompe un grand sabre de fer-blanc; ses injonctions ne réussissant pas à triompher de l'entêtement du petit éléphant, il lui administre une copieuse raclée de coups de plat de sabre. Cette correction fait merveille; Boney se décide à se remettre sur ses jambes, et avec une physionomie légèrement piteuse, se décide à extraire d'une pochette pratiquée au milieu de la serviette une belle pièce de 5 francs et à la jeter dans le plateau.

Au risque de compromettre la probité de Boney aux yeux des restaurateurs qu'elle pourrait avoir la fantaisie d'honorer de sa clientèle, nous sommes forcés d'ajouter qu'il lui arrive quelquefois d'avaler son écu, plutôt que de se résigner à payer sa note!

*
* *

Nous avons établi l'état civil des trois éléphants de Lockhart; nous y ajouterons quelques renseignements sur leur vie privée et leur éducation, convaincu qu'ils intéresseront le lecteur.

Le dressage de Molly et de Wady a commencé de bonne heure; mais, arrivé aux résultats que nous venons de décrire, Lockhart n'en

continue pas moins à les instruire, car il est
convaincu que ces animaux sont susceptibles
de progrès indéfinis, et il compte bien le démontrer en obtenant des tours encore plus sur-
prenants que ceux d'aujourd'hui. Comme tous
les dresseurs émérites d'autres bêtes, il n'emploie ni la violence ni les coups pour les plier
à l'obéissance. Son secret est dans la douceur,

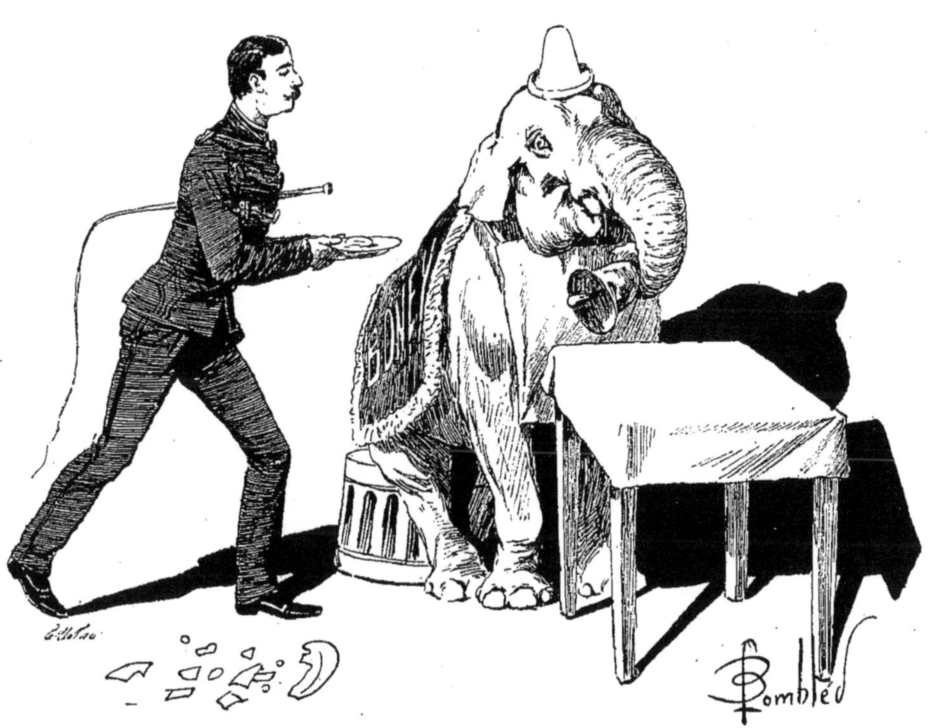

Fig. 39. — Le repas; appel du garçon.

la patience, la persévérance, assaisonnées de quelques morceaux de sucre distribués avec à-propos. A peine si, de loin en loin, quand ces moyens tardent à amener leur résultat, il se décide à élever la voix et à gourmander le récalcitrant. Cela suffit pour les faire trembler et les amène plus sûrement à résipiscence que si le maître avait usé de la cravache. Ils se montrent de même extrêmement sensibles aux caresses qu'il leur accorde comme témoignage de satisfaction; leur affection pour lui est aussi manifeste que celle de Lockhart pour ses éleves.

Cet attachement mutuel nous semble donc le principal facteur d'un dressage aussi perfectionné; il ne laisse point échapper d'occasion de se traduire. Les éléphants de Géo, non seulement lui obéissent aveuglément, mais ils témoignent de leur affection d'une manière très caractéristique chez ces formidables mangeurs toujours dominés par les besoins de leur estomac; si le maître s'absente quelque temps, ils refusent leur nourriture. Ils voyagent tous les trois enfermés dans le même wagon; pour qu'ils supportent cette réclusion la nuit, il faut que Lockhart soit avec eux; tous les trois ils enroulent leurs trompes autour de ses bras et de ses jambes, afin d'être bien certains qu'il ne les quitte pas.

Il lui arrive du reste bien rarement de les quitter; il préside à leurs ablutions comme à leurs repas, veille lui-même à la propreté de leur litière, et enfin leur « fait les pieds » en nettoyant leurs sabots, en taillant leurs cors ou durillons, qui les font extrêmement souffrir.

Géo nous a confirmé l'extrême sensibilité de cette peau d'éléphant, épaisse de 2 centimètres et quelquefois davantage; la piqûre des mouches leur est insupportable. C'est pour s'en garantir que, dans leur pays d'origine, ils se vautrent dans la fange qui, en séchant sur leur dos, les munit d'une sorte de cuirasse. Pour se soustraire plus sûrement aux morsures des insectes, on les voit même s'enliser dans le

sable humide de quelque lit de rivière, de façon à ne laisser dépasser que l'extrémité de
leur trompe; ils passent ainsi les journées
chaudes, ne quittant leur abri que pour aller
chercher leur nourriture. Bien que les aiguil-
lons des moustiques des pays civilisés soient
moins acérés, leur présence n'est pas moins
désagréable aux éléphants, qui n'ont plus les
ressources des solitudes natales pour s'en débarrasser. Lockhart y supplée en disposant à
leur portée une couche assez épaisse de sciure
de bois mouillée, dans laquelle ils se roulent
plusieurs fois par journée.

Wady, Molly et Boney font quatre repas
par jour; le trio consomme quotidiennement
100 kilogrammes de foin, 3o à 4o kilogrammes
de pain et 4o kilogrammes de verdure : choux
carottes, salades, etc., que l'on débite en forme
de boules. Chacun reçoit six de ces boules
pour sa part. Il faut croire que l'éléphant pos-
sède quelque intuition de l'arithmétique, car si
on ne lui sert que cinq boules, il crie, il ré-

clame et ne se met à manger que lorsque l'on a complété la ration en lui apportant une sixième boule de verdure.

Une particularité assez curieuse et qui fait plus honneur à l'ingéniosité de Boney qu'à sa délicatesse. A l'écurie commune, Boney est placé entre Wady et la muraille; quand on a garni le râtelier, le petit éléphant refoule sa provende du côté de cette muraille et, lorsqu'il n'a plus rien devant lui, il picore sans façon dans l'approvisionnement de sa voisine. Celle-ci regimbe toujours contre ce procédé usurpateur et veut reprendre dans le tas du camarade ce que celui-ci vient de lui ravir; Boney alors, poussant un cri familier, appelle Lockhart qui vient rétablir la concorde. En dehors de ces

Fig. 40. — La fin d'un numéro.

petites « luttes pour la vie, » les trois artistes
à trompe vivent en parfaite intelligence.

Le changement d'eau leur occasionne quelquefois des indispositions. Lockhart, de pédi-
cure se transforme en vétérinaire : sa thérapeu-
tique ne varie pas et se rattache quelque peu au
système de Raspail, qui lui aussi ordonnait
une bonne beuverie nettoyante pour remettre
l'organisme en équilibre. L'élixir de Lockhart
consiste en 4 ou 5 litres de gin qu'il fait avaler
au patient. Ses éléphants étant très friands de
cette liqueur qu'ils préfèrent à toutes les autres, il y a lieu de s'étonner que les maladies
ne soient pas plus fréquentes. Toutefois, le pra-
ticien a appris, à ses dépens, à n'user de cette
dose héroïque que lorsqu'il n'avait plus aucun
travail à exiger de son élève, c'est-à-dire après
la représentation. Un jour qu'il avait traité de
la sorte la pauvre Molly un peu avant son entrée en scène, la malheureuse, complètement
ivre, ne put accomplir aucun de ses exercices.
Nous avons tenu à avoir l'avis de Géo Lock-

hart sur l'intelligence des éléphants, attendu que, n'en déplaise aux théoriciens en chambre, seuls, sont à même d'apprécier et de connaître les bêtes, ceux qui vivent dans leur fréquentation intime et permanente. Voici textuellement ce qu'il nous a répondu : « L'éléphant sauvage est plus intelligent qu'un

Fig. 41. — Les ailes de pigeon.

cheval, il l'est moins qu'un chien. L'éléphant dressé est plus intelligent qu'un chien, celui-ci fût-il dressé, car il comprendra, du premier coup, des choses qui échapperont toujours à l'intellect du chien. »

CONCLUSION

Les grands pachydermes des premiers âges
ont disparu à la suite d'une révolution qui a
bouleversé la surface de la terre et a eu sa ré-
percussion jusque dans les entrailles de notre
globe : l'homme moderne ne fera pas moins et,
servi par les machines inventées par son génie,
il arrivera à l'effacement des héritiers de la
grande Faune antédiluvienne.

L'humanité se trouvant mal à l'aise dans le
vieux monde entend entrer en possession des
immenses solitudes dans lesquelles, à mesure
qu'elle élargissait son empire, les animaux
sauvages s'étaient concentrés. Comme il y a
impossibilité de coexistence entre leurs espèces
et la race humaine, celle-ci est donc fatalement

condamnée à détruire les premières pour s'assurer la libre propriété des espaces qu'elle convoite. Elle y réussira comme les colons d'Amérique ont réussi à anéantir les derniers vestiges des tribus sauvages qui possédaient ces deux continents avant eux.

L'éléphant doit donc un des premiers disparaître.

Bien qu'à l'état sauvage l'espèce d'Afrique soit représentée par plus d'animaux que les éléphants Indiens et Malais, elle sera probablement la première anéantie. Les conquêtes des civilisés marchent à pas de géants sur la terre africaine et non seulement elle y pénètre avec ses armes contre lesquelles les êtres les plus puissants ne sauraient lutter, mais les hauts prix dont elle paye la riche dépouille du grand pachyderme a déjà doublé l'acharnement que les indigènes apportaient à sa poursuite. La valeur de l'ivoire devant nécessairement suivre une progression ascendante, la guerre déclarée aux animaux qui le fournissent prendra de jour en jour plus d'intensité. Plus les éléphants deviendront rares, plus il y aura de nègres pour les traquer et les abattre.

L'espèce résistera davantage dans l'Océan Indien, où elle est sauvegardée par sa domestication partielle. Cette domestication n'en est pas encore à l'élevage, qui reste à l'état d'accident, et nous avons exposé comment elle se recrutait, presqu'exclusivement, au moyen d'éléphants sauvages capturés dans les chasses. L'intervention humaine n'y a donc pas, comme en Afrique, l'anéantissement sanglant et progressif de la race pour objectif. Bien mieux, il est évident que cette race serait assurée de survivre, si l'élevage venait compléter la domestication. Ayant réduit à leur valeur les contes qui ont été propagés tantôt sur la pudeur de l'éléphant, tantôt sur sa répugnance à nous fournir de nouveaux esclaves, il est évident que cet élevage n'a rien d'irréalisable; on ne manque pas du reste d'exemples de femelles d'éléphant ayant produit dans la captivité.

Il reste donc à décider seulement si l'homme a intérêt à élargir la domestication de l'éléphant? La principale objection qui lui est opposée, est celle de la dépense que la nature de l'animal occasionne. Certainement l'éléphant est un gros mangeur comme nombre de forts travailleurs. Mais cette objection n'a guère de valeur que dans nos pays, et personne n'a pu songer à utiliser ce géant des quadrupèdes, pour tirer la charrue en Brie ou en Beauce ou pour remorquer un train en détresse; en revanche dans toutes les contrées à végétation arbustive abondante, comme les régions tropicales, par les services de toutes sortes qu'il peut rendre, l'éléphant gagnera parfaitement son avoine. Sa place serait donc dans toutes les colonies où le « machinisme », qui par ici s'applique à tout, n'existe encore qu'à l'état rudimentaire.

Ne partageant ni l'enthousiasme de ceux qui décernent à l'éléphant une intelligence presqu'humaine, ni l'esprit de dénigrement de ses

détracteurs lui refusant le moindre jugement,
nous nous en tenons aux faits parfaitement
prouvés, démontrant que cet être si largement

Fig. 42. — Le fidèle serviteur.

doué sous le rapport de la puissance, d'une
rapidité d'allures assez caractérisée est d'un tempérament assez malléable pour se prêter aisément à la volonté de son maître et lui fournir
son concours de bien des façons différentes. Nous
en concluons que l'éléphant est un auxiliaire

dont nous n'avons pas encore à dédaigner les services, qu'il est regrettable que des essais de domestication complète, c'est-à-dire de reproduction en captivité ne soient pas tentés dans les colonies.

Cet auxiliaire reste précieux dans tous les pays où la civilisation n'a point pénétré et aussi dans ceux où elle est à l'œuvre en attendant que les machines puissent permettre de s'en passer. En attendant que notre industrie puisse suffire à toutes les tâches, nous ne saurions nous dispenser de conquérir complètement l'éléphant à la domesticité. Qui pourrait dire d'ailleurs qu'un ralliement plus intime n'aura pas, après quelques générations une influence sur le tempérament de l'animal, en le rendant plus docile, plus apte à se prêter aux divers travaux que nous voudrons lui assigner! Tous nos animaux domestiques actuels ont passé par l'apprivoisement, qui est un peu le caractère de la condition des éléphants en Asie, et ne sont arrivés que par degrés à l'état de réduction complète d'aujourd'hui. Évidemment l'éléphant né de père et de mère parfaitement dressés, se pliera plus facilement à la volonté humaine, que celui qui dans les jungles où il a été capturé a goûté à la vie sauvage. Les instincts innés ne sont pas les seuls que se transmettent les animaux; les produits héritent également de ceux qui ont été imposés par l'homme à leurs ascendants. C'est ainsi que la faculté de l'arrêt, qui n'existe pas chez le chien à l'état de nature, finit par passer des parents aux enfants à la suite de quelques générations. Évidemment la continuité de l'éducation dans la race des éléphants ne saurait rester sans effet.

En ce moment l'Europe prend possession de cet immense continent qui se nomme l'Afrique. Avançant simultanément dans toutes les directions, les hardis pionniers vont bientôt se rencontrer et il est à peu près certain qu'avant un quart de siècle, il n'existera pas un seul point du monde noir où la civilisation ne soit pas représentée. A côté des indigènes, les nouveaux colons se trouveront en présence de tous les représentants de la grande faune terrestre qui, traqués jusqu'à présent avec des armes imparfaites, ont survécu et fait leur domaine de cette terre. Pour s'y établir avec quelque sécurité, les Européens ne pourront laisser vivre les carnassiers et leur déclareront cette guerre implacable qui les a déjà fait disparaître presque complètement de l'Algérie; ils s'attaqueront ensuite avec non moins d'acharnement aux animaux dont la dépouille est utilisée par l'industrie et ils les mettront en coupe réglée.

Cependant il serait digne du titre de civilisés dont ils se parent de refréner quelque peu la cupidité et de ne massacrer qu'avec mesure et discernement. A côté de l'éléphant il existe très certainement parmi les herbivores et les oiseaux du pays noir des créatures qui peuvent être ralliés et domestiqués au grand bénéfice de l'humanité. Nous en avons un exemple saisissant dans le développement vraiment inouï que l'élevage de l'Autruche a pris dans les colonies du cap de Bonne-Espérance. Il y est devenu pour les colons une source de bénéfices dépassant une centaine de millions et nous devons exprimer le regret que dans les abords du

Fig. 43. — Éléphant au travail.

Sahara présentant des conditions de climat à peu près équivalentes, on ne se soit pas encore mis en mesure de participer à cette production. N'y aurait-il donc rien à nous approprier parmi ces nombreuses variétés de gazelles dont quelques-unes arrivent à la taille du cheval, d'autres animaux, comme les girafes? ne seraient-elles pas intéressantes à conserver, ne fût-ce que par curiosité? Nous le voyons déjà, même en France, il suffit quelquefois d'un seul coup de fusil pour effacer une espèce, et tout le genre humain, toute sa puissance ne saurait réussir à la reconstituer.

Nous souhaitons que tous ceux qui vont travailler à la conquête définitive du monde noir apportent dans leur mission des idées de clémence à l'égard de la faune qu'ils trouveront sur le domaine dont ils veulent s'emparer. Qu'ils prélèvent la dîme qui est nécessaire à leurs besoins, mais quand ils auront vis-à-vis d'eux des êtres dont la survie peut être utile à leurs successeurs comme à eux-mêmes, qu'ils les ménagent sans jamais se laisser entraîner à des massacres qui ne laissent après eux que des charognes et des regrets. L'Amérique du nord a fait le vide dans ses forêts, elle est réduite aujourd'hui à essayer de les repeupler, et il n'est pas dit qu'elle y réussira.

TABLE DES MATIÈRES